JN017482

数学のための英語教本

English for Mathematics Students

読むことから始めよう

原田なをみ
David Croydon
［監修］

服部久美子
［著］

共立出版

まえがき

　本書は数学のための英語の教科書です.

　数学は厳密さの上に成り立っています. ですから正確に読まなければ数学ではなくなります. そのためには覚えた単語をつなげて文の意味を推測するのでなく, 文がもつ情報を正確に引き出すための文の構造の知識（文法）が必要になります. つまり, 主語, 動詞, 目的語, 補語など重要な役割を担う語を見つけて文の構造を解析することです. 最初のうちは大変かもしれませんが, そのうち慣れてきます. 慣れてくると文の頭から順に読んでいって理解できるようになります.

　英文法というと, 受験勉強のとき格闘した思い出があって複雑で難しいという印象があるかもしれませんが, 数学の文章を読むのに必要な文法事項は驚くほど少ないです. 例えば受験生を悩ませる冠詞の使い方の例である

You have a call from a Mr. Brown.
　（ブラウンさんという方からお電話です.）

なんていう用法は忘れてかまいません. 本書では, 文章の解説だけでなく, 数学の文献を読むのに必要最小限の英文法を, 理数系の学生が読みやすい形にまとめました. 規則に従って文章を解析して解釈していく作業自体, 数学に通じるものがあるようです. 各章の初めに文法のまとめを入れました. これが本書のひとつの特徴です.

　外国語で書かれたものが苦もなく読めるようになるにはひとつひとつの語も確実に覚える必要があります. うろ覚えだと何度も辞書を引くことになりますね. ですから必要な語を自分で書けて発音できるようになるまで確実に覚えることが実は効率がいいのです. 発音できるということは頭の中で音になるということで, それによってスムーズに読めるようになります. 各章の数学用語集には第1アクセントをいれました. 音を大切にすることが本書の2つ目の特徴です.

　文法と語彙を確実にするために作文や穴埋めなどの演習問題を入れました.

　英文テキストの内容については, 第 1～5 章は理工系の大学 1～2 年生レベルです. 特に, 第 1～3 章のテキストは高校 3 年の数学の内容です. 第 1 章と第 2 章には他の章より詳しい解説をつけました.

　授業の教科書として用いる場合は, 理工系共通科目ならば, まず第 1～3 章, あとは習った数学の範囲に応じて第 4, 5 章から選べば十分でしょう. 冠詞アレルギーのクラスの場合は, 冠詞の使い分けは 2.6 節の「ざっくりした見分け方」,「冠詞と同時には名詞につかない語」だけ目を通して, 2.2, 2.3, 2.4 節および数学用語集 2 を学んで次の章に進むとよいでしょう.

　第 6～9 章はもう少し専門的で数学科, 物理学科の 2～3 年生レベルです (それに応じてテキストの文体も第 1～5 章と異なることに気がつくでしょう). 第 10 章は数学科のやる気のある学生向けです. 付録 A は各章に散っていた, 英語で「書く」ときに使える表現を集めました.

　日本語が母語でない先生が教える場合も考慮して英語の見出しも付けました.

　本書は英語で「読む」ことに重点をおいていますが, 初めて英語で論文を書くことになって途方に暮れる大学院生の方々の助けにもなると期待しています.

　大学院入試のために英語を自習する方々にも役立つようにと願いながら書きました. 第 9 章までで重要なことは網羅しています. 次の第 10 章もやっておくとさらに自信をもって臨めるでしょう.

　本書は著者が首都大学東京 (2020 年度から東京都立大学) 理学部数理科学科の 2～3 年生を対象として担当した「数学英語」の講義の資料がもとになっています. 実際の授業では年によって第 9 章あるいは第 10 章まで進みました.

　筆者の前に「数学英語」を担当していた酒井高司先生から授業資料をいただいたとき, 文法事項の少なさに驚きました. 担当してみて確かに数学に限って言えばそれで十分だと実感したものです. そのときの目を開かれる思いが本書をまとめるきっかけになりました. それでもいざとりかかってみると, 数学の授業の準備と同様に, 書く内容よりもひと回りもふた回りも多く知っている必要があることを実感しました. 筆者にとっても, 良い勉強の機会になりました. 本書が英語の本や論文で数学を勉強する方々, 大学院入試の準

備をする方々に少しでも役に立つことを願ってやみません.

　最後に一言. 英語の本を読めるようになると目の前の数学の世界は限りなく広がりますが, 日本には高木貞治の『解析概論』をはじめとして母語で読める名著がたくさんあります. これは決して当たり前のことでなく, 筆者が訪問したスウェーデン, アイスランドの大学の教科書売り場では大学初年級向けの教科書からほとんど英語ばかりでした. 英語の本を読むための準備として本書を手にとってくださったと思いますが, 母語で名著を読めることの幸せも忘れないでいただけたらと思います.

謝辞

　ご自分の授業資料をくださった酒井高司先生, そもそもこの授業の担当を筆者に勧めてくださった当時の教務委員の高津飛鳥先生に感謝いたします. 毎回熱心に聞いてコメントをくださった「数学英語」の受講生のみなさん, 特に学生モニターとして原稿を通読して役立つコメントをくださった遠藤楓さん, 栗山一輝さん, 富田彩果さん, 藤本拓人さん (五十音順), 本書の執筆にいろいろな形で協力してくださった同僚の方々, そして文法事項について相談すると一緒に考えてくださった, 筆者にとって最初の生成文法の先生である佐藤直人先生に感謝いたします. 物性物理学者の妹尾仁嗣さんも原稿を通読してくださいました. 数学の教員・学生だと気づかなかったような貴重なコメントをくださり感謝しております.

　監修の先生方にはこれ以上ないくらいに恵まれました. 監修を快く引き受けてくださり細部までていねいにチェックしてコメントをくださった, 原田なをみ先生と David Croydon 先生にはとても感謝しきれません. 言語学者で, 東京都立大学で英語のクラスも担当していらっしゃる原田先生のご協力は本当に心強いことでした. 言語学者と数学者のコラボは本書の3つ目の特徴だと思っています. David Croydon 先生は英国出身の数学者で, 現在日本の大学で低学年向けの数学を英語で教えています. 本書のすべての英文をチェックしてくださり, 細かいニュアンスの違い, 必ずしも伝統的な文法にしたがっていない, 数学者の間での用法などに関する質問にも答えてくださいました. このように, 本書はお2人のご支援の賜ですが, もし本書の記述に不備が残っ

ているとすればそれは著者の責任です.

　本書の企画を提案したとき,共立出版の大越隆道さんは「この種の数学に特化した本がほしかった」と即座に賛成してくださり企画会議などの労をとってくださいました.筆者は,定評のある Strang, Spivak の教科書を始めとして英語の勉強になりそうな様々な教科書からテキストを抜粋してきましたが,このテキストを載せる部分が出版に関する一番の難所でした.ひとつひとつの出版社と交渉して転載を可能にしてくださった大越さんには感謝してもしきれません.

　本書は相方の服部哲弥の支えなしにはできませんでした.毎日のことでとても感謝しつくせないのですが,この場を借りて「いつもいつもありがとう.」

2020 年 7 月　服部久美子

読者へのメッセージ

　英語でまとまった分量の文章を読み，執筆していくという作業は，どの分野でも，研究成果や仕事の情報を発信していく上で不可欠です．日本で専門知識を修めることの大きな利点は，母国語で授業や指導が受けられることですが，その利点は，情報を外国語で発信していく訓練が減る，という点と表裏一体です．日本の大学で学び，国際的な活躍を目指すのであれば，論文や論説資料などの英語の長文の読み書きの習得や，専門的な内容を英語で発信していくことを目標とした授業や教科書が必要となります．

　本書自体は数学や物理学が専門の学生を主な対象として執筆されていますが，英語による論文・長文の講読や執筆の中核となる部分は，他の専門でも変わりません．冠詞の使い方・修飾語句のかかり方など，分野や目標を問わず，応用の効く事柄です．監修をしている最中，留学中に学んだり，身につけた知識や，普段大学で担当している英語の授業で「これは英語の専門の論文によく出てくる表現です」と教えていることなどが，常に脳裏にありました．どの専門でも，論文は，専門用語さえ覚えてしまえば，文型や言い回しなどは限られています．初めにがんばってそれを習得すれば，あとは読めば読むほど，書けば書くほど，技術が身についてくると思います．

　私の専門は「理論言語学」ということで，理学部とは直接のつながりはないはずなのですが，かつて数学少年だったという大学院での指導教員の勧めで，副専攻で数学を履修したりと，何かと数学とは縁のある日々でした．今の勤め先でも，服部先生とやりとりをさせていただくようになり，ついに先生のご著作の監修までさせていただく運びとなり，数学との不思議なつながりを実感する次第です．

　本書が多くの学生のみなさんの役に立つことを心から願っております．

原田なをみ

Message to the readers

In seeking to explain his subject, the noted mathematician and mathematical expositor Paul Halmos once said that there was a little bit of truth in each of the statements "[m]athematics is abstract thought, mathematics is pure logic, mathematics is creative art". Such descriptions capture the notion that mathematics is not merely calculation or the manipulation of formulae, but rather that at its heart is the study of concepts that might exist only as an idea, without any physical or concrete manifestation. One of the principal means for capturing and transmitting these ideas is mathematical writing.

Now, just as musical notation is not music, what appears on the page of a mathematics book or article is only a representation of the mathematics that it describes. However, the accurate interpretation of a musical score enables the performer to understand the composer's vision. The same is true when it comes to mathematical writing. Being able to determine the precise meaning of a sentence can be key to understanding the mathematical intuition that it is attempting to convey.

Developing your ability in reading mathematics in English will have other benefits. Not only will it improve your reading of English texts more generally, but it will also help you when it comes to setting out your own logical arguments, whether or not these are mathematical in nature, or indeed whether or not you are doing this in English. After all, expressing ideas with clarity is a common aim in all scientific writing, and gaining this skill will serve you well in life.

I wish you luck with your mathematical endeavours, and beyond!

David Croydon

目　　次

第 1 章

名詞

Nouns

1.1　英語のルール：可算名詞と不可算名詞

> **可算名詞** (countable noun)
>
> 1 個，2 個と数えられるもの．

circle（円），vector space（ベクトル空間），interval（区間），function（関数），theorem（定理），proof（証明），argument（論点，理由）

単数の可算名詞は，通常，冠詞 (a, an, the) またはそれに相当する語 (this, that, some（ある），any（任意の），each, every, my, your など) なしでは現れない！ （例外は第 7 章参照）

> **不可算名詞** (uncountable noun)
>
> 原則：個体として明確な形をもたないもの，抽象名詞，操作を表す名詞．

water（水），metal（金属），mathematics（数学），information（情報），research（研究），advice（助言），progress（進歩），existence（存在），continuity（連続性），behavior（振舞い），addition（たすこと），multiplication（かけること）

不可算名詞は，a, an がついたり複数形になることはない．特定のものを表すときは the がつく．

Tips：2 つに分けてもその性質を保つものは不可算

　　paper は「紙」の意味では不可算，「論文」の意味では可算である．紙ははさみで半分に切ってもやはり紙だが，論文は半分に裂くと論文の形を失う．

　　set theory（集合論）はその一部も集合論なので不可算扱いだが，theorem は一部だけ取り出すと定理ではなくなるので可算である．

<u>名詞と冠詞</u>（ここではまず原則だけを述べる．詳しくは第 2 章参照.）

- 不定冠詞 (a, an) がついた可算名詞単数形，および冠詞のつかない可算名詞複数形

　　いくつかあるもののうちのひとつ（もしくは複数）であることを示す．<u>一通りに特定しない</u>.

- 定冠詞 (the) のついた可算・不可算名詞

　　文章中で<u>読者にとって一通りに特定される</u>対象であることを示す．

1.2　英語の文章を読むときの一般的注意 1

　単語の意味がわかるだけでなく，文の構造を理解して読むことができるようになろう．本章の目標は：

　それぞれの文または節の主語と動詞を確認しながら読む．

　Find the subject and the corresponding verb in each sentence.

　文とは，最初（大文字で始まる）からピリオドまでで，主語と動詞を含む．数式も文の一部である．

　節とは，If f is continuous on $[a, b]$ のように，文の一部で，主語とそれに対応する動詞を備えている部分のことである．

　まず，やさしい文から始めよう．

The function $\underline{f}$（主語）$\underline{\text{is}}$（動詞）continuous on $[a,b]$.

（文を記号で始めるのは読みにくいので the function を入れた．）

関数 f は $[a,b]$ 上で連続である．

この文の主語と動詞がどれかは明らかだろう．それではこのような例は？

The $\underline{\text{proofs}}$ of the three theorems themselves $\underline{\text{will not be given}}$ until the next chapter, for reasons $\underline{\text{which}}$ $\underline{\text{are explained}}$ at the end of this chapter.

上の文と比べると複雑だが落ち着いて分解していこう（ここで用いる文法用語は節末にまとめた）．

　この文には主語と動詞の組が2つある：**主節**の主語・動詞と，**関係詞節**（関係代名詞を含む節）の主語・動詞である．主節の主語は proofs である．それに対応する動詞の部分をひとまとめにとってくると，will not be given「あたえられない」．このように助動詞と動詞，ときには否定辞 not も含むかたまりを本書では**述部**とよぶことにする．動詞ひとつだけのときも述部である．

　複雑な文はまず主語と述部を見つけよう．それがその文のバックボーンをなす．

「証明があたえられない」がこの文のバックボーン（背骨）である．これがわかればスタートは順調．あとはこれを修飾するさまざまな語句（肉）を見分ける．

　proofs に修飾語句がついて The proofs of the three theorems themselves，すなわち「その3つの定理自体の証明は」という名詞句ができる（**名詞句**とは名詞を中心としてそれに冠詞や修飾語句がついて，全体として名詞の役割を果たすものである．代名詞や名詞ひとつだけも名詞句の仲間）．The proofs of the three theorems themselves という名詞句が，この文では主語に修飾語句のついたもの，すなわち**主部**である．

　次は，関係詞節を見ていこう（詳しくは第3章参照）．

which are explained at the end of this chapter.

主語は関係代名詞の which (= reasons)，述部は are explained（reasons が複数なので be 動詞が are になっていることに注意）である．このように主語と組をなす述部を探すときには数（単数か複数か）の**一致** (agreement) が助けになる．これで主語と述部がもう一組見つかった．

　for reasons which are explained at the end of this chapter は「本章の最後に説明される理由のために」という意味で，主節の述部の will not be given を修飾している．until the next chapter は「次章まで」．これらを付け加えると

　　その3つの定理自体の証明は，本章の最後で述べる理由のために次章にもちこす．

高校の和訳ならこれでいいが，数学の文章は著者の思考・論理の順序に沿って，なるべくひっくり返さず訳す（読む）ことが望ましい．そうすると

　　その3つの定理自体の証明は次章にもちこす．その理由は本章の最後で述べる．

♣ これらの3つの定理の証明には「実数の連続性」を用いるので，この章では証明はせず，使うだけにするということ．

　それでは，英語のテキストを実際に読んでみよう．1回目は，テキストのあとにある単語集と囲みの中の重要表現を参考にして，1.4節の解説は読まずにテキスト1を読んでいただきたい．

(1) 主語とそれと組になる述部を見つける（命令文以外は主語と述部が組になっているはずである）．述部を見つける際には，主語と動詞の人称・数の一致（be 動詞の形，3人称単数の "s" など）が助けになる．

(2) 主語に対する修飾語句（形容詞句，前置詞句など）と，述部または文全体に対する修飾語句（副詞句）を見つける．

(3) 見つけたパーツを組み合わせてそれぞれの文のおおまかな構造をつかむ. このとき, 辞書を引かずに, わからない語は前後の文脈と論理（われら数学徒！）から推測しながら読む. 自信のないところはマークしておく.

(4) 最初から最後まで目を通して, 読み取った範囲で**話の流れがきちんとつながっているか**確かめる. つながっていないところはマークしておく.

そのあとで, 解説と比べながらもう一度読もう. 訳と照らし合わせて, 正確に読めていなかった文の構造（主語, 述部, 修飾語句など）を確認する.

　最初なので, ノートに和訳を書くことをお勧めする. この先数学書を読むときは和訳など書いている暇はないだろうが, 今だけでも細かいところに気を配って和訳を書くと勉強になる. 目を通してわかったつもりになっていても訳せないことがある！

和訳ノートの作り方

なるべくひっくり返さずにそのまま訳す. それが著者の思考の順だから. そのために, 長い文を 2 つに切ってもかまわない. 意味が正確にとれればいいので文学的な訳を考える必要はない.

本書で使う文法用語 1

文　初めから終止符（ピリオド ".", 疑問符 "?", 感嘆符 "!"）まで. 通常, 文はある事柄について何かを述べる.

主部　文の「ある事柄について」の部分.

主語　主部の中心となる名詞または代名詞.

述部　文の「何かを述べる」部分だが, **本書では目的語などは含まず助動詞, 動詞, 否定辞（not など）をひとまとめにしたものを述部とよぶ.**

節　文の一部で主語と述部をもつもの. 例：主節, 関係詞節（第 3 章参照）, that 節（第 4 章参照）, 従位接続節（第 5 章参照）.

主節　文の中心となる節．この用語は，that 節，関係詞節，if などで
始まる従位接続詞節（第 5 章参照）と対比して用いる．

句　主語＋述部の形ではないが，ひとかたまりとして名詞，形容詞，
副詞などの役割を果たす．例えば，名詞句は名詞に冠詞，形容詞句，
前置詞＋名詞句などがついて作られ，全体として主部，目的語，補
語などになれる（目的語，補語は次章で）．他に，形容詞句（名詞を
修飾する），副詞句（動詞，または文全体を修飾する）など．

1.3　テキスト 1：連続関数

1) This chapter is devoted to three theorems about continuous func-
tions, and some of their consequences. The proofs of the three theo-
rems themselves will not be given until the next chapter, for reasons
which are explained at the end of this chapter.

2) **Theorem 1**

If f is continuous on $[a, b]$ and $f(a) < 0 < f(b)$, then there is some
x in $[a, b]$ such that $f(x) = 0$.

(Geometrically, this means that the graph of a continuous function
which starts below the horizontal axis and ends above it must cross
this axis at some point.)

3) **Theorem 2**

If f is continuous on $[a, b]$, then f is bounded above on $[a, b]$, that
is, there is some number N such that $f(x) \leq N$ for all x in $[a, b]$.

(Geometrically, this theorem means that the graph of f lies below
some line parallel to the horizontal axis.)

Theorem 3

If f is continuous on $[a, b]$, then there is some number y in $[a, b]$ such that $f(y) \geq f(x)$ for all x in $[a, b]$.

4) These three theorems differ markedly from the theorems of Chapter 6. The hypotheses of those theorems always involved continuity at a single point, while the hypotheses of the present theorems require continuity on a whole interval $[a, b]$ — if continuity fails to hold at a single point, the conclusions may fail. For example, let f be the function

$$f(x) = \begin{cases} -1, & 0 \leq x < \sqrt{2}, \\ 1, & \sqrt{2} \leq x \leq 2. \end{cases}$$

Then f is continuous at every point of $[0, 2]$ except $\sqrt{2}$, and $f(0) < 0 < f(2)$, but there is no point x in $[0, 2]$ such that $f(x) = 0$; the discontinuity at the single point $\sqrt{2}$ is sufficient to destroy the conclusion of Theorem 1.

[Spivak, pp.120–121] より許可を得て，改変して転載.

※ひとつ前の Chapter 6 では 1 点における連続性を扱っている.

テキスト 1 の単語

名詞につけた C, U は（テキスト中で用いた意味で使う場合は）それぞれ可算 (countable)，不可算 (uncountable) であることを示す．chápter は a の上に第 1 アクセントがあることを示す．

chápter (C) （本の）章
devóte to ～に捧げる→～について述べる（これから書くことの内容紹介によく使われる）
théorem (C) 定理
contínuous 連続な
continúity (U) 連続性
discontinúity (U) 不連続性（(C) 不連続点）
fúnction (C) 関数
cónsequence (C) 結論，帰結
próof (C) 証明
geométrically 幾何学的に
horizóntal 水平な（⇔ vértical 鉛直な）

áxis (C)　軸（複数形　áxes）

cross（他動詞）　〜と交わる

bóunded　有界な／bounded above　上に有界な

párallel　平行な

díffer from（動詞）　〜と異なる

márkedly　著しく，明らかに

invólve（他動詞）　〜を必要とする

hypóthesis (C)　仮定（複数形　hypótheses）

ínterval (C)　区間

hold（自動詞）　成り立つ

conclúsion (C)　結論

suffícient　十分な／sufficient condition　十分条件

destróy（他動詞）　破壊する，だめにする

---

* アクセントは，ほかの母音と比べて強く読むことを表すので，母音がひとつであることがつづりを見て明らかな場合は原則として印をつけていない．

定理の書き方のひとつの定形

If ..., then 〜.　…ならば（then の直前までが仮定 hypothesis），〜（結論 conclusion）.

例

♪ If f is continuous on $[a, b]$ and $f(a) < 0 < f(b)$, then there is some x in $[a, b]$ such that $f(x) = 0$.

訳：f が $[a, b]$ 上で連続でかつ $f(a) < 0 < f(b)$ ならば（※ここまでが仮定），$[a, b]$ 内にある x が存在して，$f(x) = 0$ をみたす．

存在文

単数名詞につく some は「いくつかの」ではなく「ある」という意味である．

There [is/exists] [some/a, an]（名詞単数形）such that 〜.　：〜であるような…が存在する，…が存在して〜をみたす（"[/]" は [　] 内のどちらを用いてもよい，という意味）.

存在するものが複数の場合は,

There [are/exist] [some/a few/at least two]（名詞複数形）such that
～.　いくつかの／2,3の／少なくとも2つの…が存在して～をみたす.

※ be 動詞および exist は「存在するもの」に数を一致させる.

♪ *There is three solutions to this equation.
　　（上つき「*」は文法的に正しくないことを表す.）

例

♪ There is some x in $[a, b]$ such that $f(x) = 0$.

訳：$[a, b]$ 内にある x があって, $f(x) = 0$ をみたす.

　または

　$f(x) = 0$ をみたすような x が $[a, b]$ 内にある.

　（such that に続く部分が長い場合は最初の表現の方がよい.）

There exists [some/an] x in $[a, b]$ such that $f(x) = 0$. としてもよい（x は読むとき母音で始まるので冠詞は an を用いる）.

前置詞の使い分け

continuous on $[a, b]$　$[a, b]$「上で」連続（区間全体にわたる性質）
there is some x in $[a, b]$　場所 $[a, b]$ の「中に」ある x が存在して
every point of $[a, b]$　集合 $[a, b]$ に属するどの点も

記号の定義をするときの表現

例：Let A be B.　A を B としよう
A（記号）を B（内容）で定義する.

例

♪ Let f be a continuous function defined on $[0, \infty)$.

訳：f を $[0, \infty)$ 上で定義された連続関数（のひとつ）とする.

♪ Let f be <u>the</u> function

$$f(x) = \begin{cases} -1, & 0 \leq x < \sqrt{2}, \\ 1, & \sqrt{2} \leq x \leq 2. \end{cases}$$

訳：f を関数

$$f(x) = \begin{cases} -1, & 0 \leq x < \sqrt{2}, \\ 1, & \sqrt{2} \leq x \leq 2 \end{cases}$$

とする.

すべての〜に対して
for all x in $[a,b]$ $[a,b]$ 内のすべての x に対して

1.4　テキスト 1 解説

1), 2) などの番号はテキストの番号と対応している.

1) 導入部分.

their consequences の their（それらの）は何を指すだろうか？　their の直前の複数名詞は theorems と functions だが，論理的に考えて their は theorems のことである.

> 本章では連続関数に関する 3 つの定理とそれらの定理から導かれることを扱う．3 つの定理自体の証明は次章にもちこす．その理由は本章の最後に述べる.

2) 定理 1 の内容は 1.3 節で説明した．そのあとの文は，定理 1 を図形的に説明している.

Geometrically（「幾何学的に」というと大げさだから，「図で考えると」くらい）で始まる文は 3 つの主語・述部の組をもっている（3 つあることは接続詞 that および関係代名詞 which があることからわかる）．ひとつずつ見ていこう.

- まず，This（このことが）と means（意味する）が主節の主語・述部

の組である．This が 3 人称単数だから確かに means と s がついている（数・人称の一致）．

mean(s) that … と続いたら，that 節（that を除けば普通の主語・述部をもつ文）は「意味する」(mean) 内容を表す目的語である．

- that 節の主語は graph で述部は must cross（must は助動詞で単数複数同形）「交わるはずである」．cross は他動詞なので目的語（何と交わるか）をとり，目的語の中心となる名詞は axis である．

「このことはグラフが軸と交わるはずであることを意味する」がここまでのバックボーン．

残りはこれに対する修飾語句である．それを詳しく見ていこう．

- まず，

  the graph of a continuous function which starts below the horizontal axis and ends above it

を見ると，関係詞節（関係代名詞を含む節．関係節ともいう）

  which starts below the horizontal axis and ends above it

がある（関係代名詞の制限的用法．第 3 章で詳しく扱う）．

関係詞節の主語は which，述部は starts と ends （s がつくから主語は 3 人称単数のはず）．

- the horizontal axis は「水平な（横の）軸」に the がついているから一通りに決まる横の軸，すなわち x 軸を意味する．

- above, below はそれぞれ接触せずに「上方」，「下方」にあることを表す．

- 関係「代名詞」というからには，それより前にある名詞のどれかを指す（数学っぽく言えば，同一視される）はずである．さて，which の前には graph と function という 2 つの単数名詞があるがどちらを指すのだろうか？　そこは意味から考えて「x 軸の下方から始まり

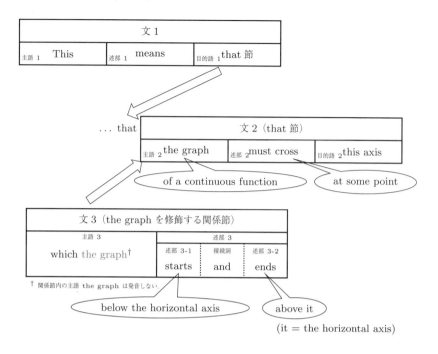

図 **1.1**　(原田なをみ作成)

上方で終わる」のはグラフの方だと考えられる．すなわち，which は graph のことだとわかる．

　of a continuous function も graph を修飾しているので，結局，「x 軸の下方から始まり上方で終わる連続関数のグラフは」が修飾が全部ついた主部である．

- at some point は point が単数だからそれにつく some は「ある」の意味である．そうすると修飾語句が全部ついた述部は「この軸とどこかの点で交わるはずである．」

この文の構造を図 1.1 に示す．

> **定理 1**
> f が $[a, b]$ 上で連続でかつ $f(a) < 0 < f(b)$ ならば，$[a, b]$ 内にある x が存在して，$f(x) = 0$ をみたす．

（図形的には，このことは x 軸の下方から始まり x 軸の上方で終わる連続関数のグラフはどこかで x 軸と交わるはずであることを意味する．）

3) • bounded above　上に有界である

• that is（普通，前後にコンマが入る）「すなわち」．ここでは「上に有界」の意味を説明している．

• ここにも there is . . . such that ～の形の存在文がある．some の代わりに a を用いて，there is a number N としても同じである．

　　N は x に依存しない数なので，日本語で表すときはそのことがはっきりするように表現しよう．例えば，N を先に出して「ある N が存在して，$[a, b]$ 内のすべての x に対して $f(x) \leq N$ をみたす」と言えばよい．

• the graph of f lies below . . .　f のグラフは…の下方にある．

　　2) では the horizontal axis は x 軸だから特定のものだったが，この some line parallel to the horizontal axis は x 軸に平行な直線のうちのひとつ (some = a) を意味する．parallel to the horizontal axis は後ろから line を修飾している．

• 定理 3 は 1.3 節の囲みの表現を組み合わせたものである．結論は「ある $y \in [a, b]$（この y は x 軸上の点）が存在して，すべての $x \in [a, b]$ に対して，$f(y) \geq f(x)$ となる」，つまり最大値をとる点 y が存在する．

定理 2

f が $[a, b]$ 上で連続ならば，f は $[a, b]$ 上で上に有界，すなわち，ある数 N が存在して，$[a, b]$ 内のすべての x に対して $f(x) \leq N$ が成り立つ．

（図形的には，この定理は，f のグラフがある x 軸に平行な直線の下方にあることを意味する．）

> **定理 3**
> f が $[a,b]$ 上で連続ならば，$[a,b]$ 内にある数 y が存在して，$[a,b]$ 内の
> すべての x に対して $f(y) \geq f(x)$ となる．

4) 前章では 1 点 $x = a$ における連続性の話をしていたので，それとの違い
   を述べている．

- A, B を節（主語・述部をもつもの）とするとき，A, while B は「A で
  あるが，一方では B である」と 2 つのことを対比する．ここでは，前
  章の定理が 1 点での連続性を仮定していたのに対して，本章の定理は
  区間全体の上での連続性を要求している，という対比を表している．

- fail to hold　成り立ちそこなう→成り立たない．

- the conclusion may fail to hold.
    may は可能性を表す．結論は成り立たないかもしれない→成り立
  つとは限らない．
    <u>比較</u>　the conclusion fails to hold.　結論は（必ず）不成立である．

- for example　例えば

- let f be <u>the</u> function　f を（次のような）関数としよう．
    すぐあとに関数の具体形があって特定されるから定冠詞のついた
  the function を用いる．

- continuous <u>at</u> $x = a$　$x = a$ において連続．前置詞の違いに注意．

- $f(x) = 0$; the discontinuity $\cdots$

  セミコロン「;」　and などの接続詞の代わりにセミコロンで 2 つの
  文をつないでいる（第 5 章参照）．訳では「このように」とした．

- the discontinuity の定冠詞 the は「ただ 1 点 $\sqrt{2}$ における不連続性」
  と特定されているためである．

これらの 3 つの定理には第 6 章の定理と比べて明確な違いがある．前章の定理はどれも 1 点における連続性を仮定していたが，本章の定理は区間 $[a, b]$ 全体にわたる連続性を要求している．もしどこか 1 点でも連続性が成り立たなければ，定理の結論が成り立たない可能性がある．例えば，f を次の関数としよう．

$$f(x) = \begin{cases} -1, & 0 \leq x < \sqrt{2}, \\ 1, & \sqrt{2} \leq x \leq 2. \end{cases}$$

このとき f は $[0, 2]$ 内の $\sqrt{2}$ 以外のすべての点で連続で，$f(0) < 0 < f(2)$ であるが，$[0, 2]$ 内に，$f(x) = 0$ をみたす点 x は存在しない．このように，ただ 1 点 $\sqrt{2}$ における不連続性が定理 1 の結論をくずすのに十分なのである．

♣ Theorem 1, Chapter 6, equation (1) など番号のついているものには冠詞はつかない．

♣ 受講生からの質問

3) の「f が上に有界である」ことの定義で N が x に依存しないことを明らかにするために，N を先に出して「ある N が存在して，$[a, b]$ 内のすべての x に対して $f(x) \leq N$ をみたす」と訳しました．それでは，N が x に依存して決まる場合はどう表せばよいですか？

回答：「それぞれの x に対して，N が存在して，$f(x) \leq N$ をみたす」ということですね．この場合は N は x ごとに異なってもよいことになります．英語も日本語と同じ語順で

for each $x \in [a, b]$, there is some number N such that $f(x) \leq N$

となります．これは「f は各点で有限な値をとる」ということです．

1.5　演習問題・数学用語集 1 (高校数学)

1. 英訳せよ.

(1) f が $[a,b]$ 上で連続で $f(a) < 0 < f(b)$ ならば, $f(x) = 0$ をみたすような x が $[a,b]$ 内にある.

(2) f が $[a,b]$ 上で連続ならば, $[a,b]$ 内にある数 y があって, $[a,b]$ 内のすべての x に対して $f(y) \geq f(x)$ が成り立つ.

(3) 例えば, 関数 f を

$$f(x) = \begin{cases} -1, & 0 \leq x < \sqrt{2}, \\ 1, & \sqrt{2} \leq x \leq 2 \end{cases}$$

とする. このとき f は $[0,2]$ 内の $\sqrt{2}$ 以外のどの点においても連続である.

(4) f を $[0,1]$ 上の有界な関数とする.

(5) 関数 $f(x) = \sin x$ は $\mathbb{R}$ 上で有界である. すなわち, ある正の数 M が存在して, すべての $x \in \mathbb{R}$ に対して $|f(x)| \leq M$ が成り立つ.

(6) f が $[a,b]$ 上で連続で, (a,b) 上で微分可能ならば, (a,b) 内に点 c が存在して,

$$f'(c) = \frac{f(b) - f(a)}{b - a}$$

をみたす.

ヒント ((1)–(3) の解答は本文中にある).

(3)–(4) A を B とする　Let A be B.

(4) 有界な (＝上にも下にも有界) bounded

(5) 存在文　there is [some/a] ... such that ...

　　正の数　a pósitive number

(6) 連続な contínuous, 微分可能な differéntiable.

数学用語集 1 (高校数学)

以下の名詞はすべて C (可算名詞).

fúnction は u の上に第 1 アクセントがあることを示す.

fúnction　関数

línear equátion　1 次方程式

quadrátic equation　2 次方程式

cúbic equation　3 次方程式

polynómial　多項式

trigonométric function　三角関数

exponéntial function　指数関数

logaríthmic function　対数関数

lógarithm　対数

báse　（対数の）底

the base of the natural lógarithm　自然対数の底

fígure　図形，図

círcle　円

líne　直線

line ségment　線分

cúrve　曲線

squáre　正方形

réctangle　長方形

tríangle　三角形

ellípse　楕円

parábola　放物線

hypérbola　双曲線

cúbe　立方体

ball　球

sphére　球面

súrface　面

párallel（形容詞）　平行な

perpendícular（形容詞）　垂直な

graph　グラフ

fráction　分数

númerator　分子

denóminator　分母

irredúcible　既約な／irreducible fraction　既約分数

véctor［ベクタ］　ベクトル

scálar［スケイラ］　スカラー

第 2 章

冠詞

2.1　英語のルール：不定冠詞と定冠詞

　名詞に「冠詞がつく」というよりは，「冠詞＋名詞」がひとまとまりとして読者に情報を伝えると考えるのが適切であろう．例えば，a function は，「関数全体の集合」のひとつの要素であることを伝える．一方，the function は**読者もどれを意味するのかわかる特定の**関数のことである．

　本章では，具体例を挙げながら，不定冠詞，定冠詞の用法をより詳しく見ていこう．ここでは**数学の文献に現れる**用法に限る．

不定冠詞 (indefinite article)

> 不定冠詞＋単数形の可算名詞　および　冠詞なしの複数形の名詞．

A) 属性を示す．

　　属性とはある「集合」の要素ということである．不定冠詞＋単数形の名詞は「集合」のひとつの要素であること，冠詞のつかない複数形の名詞は「集合」のいくつかの要素であることを表す．

　♪ The sine function is a continuous function on $\mathbb{R}$.
　訳：正弦関数は $\mathbb{R}$ 上の連続関数（のひとつ）である．

　　　この例は $f(x) = \sin x$ が「$\mathbb{R}$ 上の連続関数全体の集合」のひとつの要素であることを伝える文である．

♪ Let M be a 2 by 2 matrix.

訳：M を 2×2 行列とする.

普通はこの前にも文章があるはずだが，M はここで初めて出てきた
ものであり，それが「2×2 行列全体の集合」のひとつの要素であると
いう情報を伝えている（どのような要素であるかは特定していない）.

比較

♪ Let A be the 2×2 matrix

$$A = \begin{bmatrix} 2 & -1 \\ -1 & 2 \end{bmatrix}.$$

この場合も A は初出ではあるが，「2×2 行列全体の集合」の要素で
あるというだけでなく，すぐ下に示した特定の行列のことである. こ
のような場合は定冠詞のついた the matrix で表す.

♪ There is a positive number N such that $|f(x)| \leq N$ for all $x \in [a, b]$.

訳：ある正の数 N が存在して，すべての $x \in [a, b]$ に対して $|f(x)| \leq N$
が成り立つ.

これは1.3節で解説した存在文である. あるかどうかが問題になって
いる状況で，集合 $\{N \in \mathbb{R} : |f(x)| \leq N, \forall x \in [a, b]\}$ に属する数が
「ひとつはある」（空集合ではない）と述べている（数学で「ひとつはあ
る」と言ったら，「少なくともひとつはある」を意味することに注意）.

B) 「ひとつ」であることを示す.

♪ He completed his paper in a week.

訳：彼は論文を 1 週間で仕上げた.

♪ If continuity fails to hold at a single point, then the conclusions
may fail.（テキスト 1）

訳：たった 1 点でも連続でない点があれば，（今問題にしている定理の）
結論が成り立つとは限らない.

single は「ひとつ」であることを強調している．then によって仮定と
結論の境目が明確になる．

C) その属性をもつもの一般の性質を述べる．

♪ A polynomial of odd degree has a real zero.

訳：奇数次の多項式は（少なくともひとつの）実数の零点をもつ（※例
えば，$x^3 + 1 = 0$ は実数解 $x = -1$ をもつ）．

奇数次の多項式一般（「奇数次の多項式の集合」の任意の要素）の性
質を述べている（※定理）．

♪ A monotone increasing sequence that is bounded above has a finite
limit.

訳：上に有界な単調増加数列は極限値（※ $\pm\infty$ でない有限な極限）をも
つ（※定理）．

C') 定義する．

♪ A function $f : X \to Y$ is called an *injection* if $f(x) \neq f(y)$ when-
ever $x \neq y$.

訳：関数 $f : X \to Y$ が単射であるとは，$x \neq y$ ならば $f(x) \neq f(y)$ とな
ることである（※用語の定義，テキスト 8）．

「$f(x) \neq f(y)$ whenever $x \neq y$」は if で始まる条件節である．

注意 1　C) の場合を日常の文と比べてみよう．例えば犬好きの人が

A dog is a friendly animal.

と言った場合，現実には例外があって吠えかかる犬もいる．話者も聞き手も
そのことは了承済みである．しかし，数学の文の場合は例外なしに成り立つ
と解釈する．

注意 2　不定冠詞の次に来る語が子音で始まるときは a，母音で始まるとき
は an である．
例：a Euclidean space は「ユークリディアン」が子音で始まるので a，一方，

an *n*-dimensional vector space（*n* 次元ベクトル空間）では「エヌ」は母音で始まっている．ユークリッド空間と言っても，$\mathbb{R}, \mathbb{R}^2, \mathbb{R}^3, \ldots$ と無限にあるので，a Euclidean space はそのうちのひとつ．

定冠詞 (definite article)

> 定冠詞＋単数形・複数形の可算名詞・不可算名詞

「定冠詞 (the) + 名詞」は（著者の意識の中だけでなく）**読者にとって一通**りに**特定**されるものを表す．

D) 初出と既出

文章の中で前にすでに出たもの（既出）を指す場合は一通りに特定されるので the がつく．初めて出る名詞（初出）は，ふつうはまず属性を示すことから始めるので単数の可算名詞なら a, an，複数なら冠詞なしだが，初出でも文脈から容易に特定されるもの，常識的に既知であるものは the で表す．

♪ Consider a 3 by 3 matrix. If the matrix has a nonzero determinant, it has an inverse matrix.

訳：（ひとつの）3×3 行列を考えよう．その行列の行列式が 0 でなければ，逆行列をもつ．

前半は 3×3 行列のひとつをとってきて（初出）これからそれを考えると宣言し，後半はその特定の行列（既出）について話を続けている．後半の has an inverse matrix は，この段階ではどのような行列か特定はできないが（少なくとも）ひとつは逆行列が存在する，ということを表す．次の a maximum and a minimum value も同様である．

♪ A continuous function on a closed interval takes on（has でもよい）both a maximum and a minimum value on the interval.

訳：閉区間上の連続関数はその閉区間において最大値と最小値をとる．

全体としては C) に属する文で，閉区間上の連続関数一般について述

べている．主部は a continuous function．閉区間もどのような閉区間であってもよいので a closed interval．最後の the interval は直前に出てきた閉区間と同じもの（特定の区間）を表す（同じ区間でないと最大値・最小値の定理の意味がない！）．

♪ the horizontal axis, the vertical axis

訳：x 軸, y 軸

これはテキスト 1 にある例．初出だが the が付くことによって一通りに特定できる軸，すなわち x 軸, y 軸を意味することを伝える．普通は the x–axis, the y–axis などと言う．

♪ It can be proved in the same way.

訳：そのことは同じ方法で証明できる．

「同じ」と言うからには，文章の前の方である方法が使われているはずで（既出），それと同じなので一通りに特定される．形容詞 same の前には the がつくと覚えておこう．

E) of ＋名詞〔句・節〕によって一通りに特定される場合

♪ The solution of equation (1) is given by $x = 1$.

訳：方程式 (1) の解は $x = 1$ である．

「方程式 (1) の」で限定され solution が単数なので，解がただひとつであることも意味している．

♪ The solutions of equation (1) are given as follows:

訳：方程式 (1) の解（※全部）は次の通りである．

「方程式 (1) の」がついて the solutions が複数であることから「解全部」（解全体の集合は一通りに特定される）を意味する．as follows とあるので次の行ですべての解を挙げる部分が続く．

♣ コロン「:」は as follows（「次のとおり」）などのあとに列挙するときに用いられる．

比較　a solution of equation (1)

訳：方程式 (1) の解（※複数あるかもしれない）のうちのひとつ

一通りに特定されない.

♪ The characteristic polynomial of a square matrix is a polynomial which has the eigenvalues as roots.

訳：正方行列の特性多項式とは，その行列の固有値を根とする多項式である.

まず，正方行列のひとつ (a square matrix) を考える. 各正方行列の特性関数は一通りに決まるから，The characteristic polynomial は「ある正方行列の」によって特定され，the eigenvalues は「その正方行列の固有値すべて」の意味なので特定される. 一方，「その行列の固有値を根とする多項式」はいくらでも考えられるので，不定冠詞がそのうちのひとつであることを示している（例えば，固有値が 1 と 2 ならば，$(x-1)^n(x-2)^m, n, m \in \mathbb{N}$ はどれも 1 と 2 を根とする多項式である）.

♪ the discontinuity at the single point $\sqrt{2}$.

訳：1 点 $\sqrt{2}$ における不連続性.

（「of ＋名詞句」ではないが，「不連続性」という不可算名詞が at the single point $\sqrt{2}$ によって特定されるので the を用いる.）

F) 「第 1 の」，「第 2 の」などの序数，形容詞の最上級によって一通りに特定される場合

♪ the first and second derivatives of a function f

訳：関数 f の 1 階および 2 階導関数

（the first and the second derivative of a function f でもよい. derivative の単複に注意.）

♪ Let λ be the largest eigenvalue in absolute value of the matrix M.

訳：λ を行列 M の固有値のうち絶対値が最大のものとする.

注意：上の形容詞の最上級を含む文では M の固有値の存在は前提としている．存在が不明であるときは（特定しようがないので），例えば

♪ In a set of numbers, there may not be a largest or a smallest number. For example, $(0, 1)$ has neither a largest nor a smallest number.

訳：数の集合には最大の数も最小の数も存在しないかもしれない．例えば，$(0, 1)$ には最大の数も最小の数もない．

のように，最上級でも a である．

G) 名前のついた定理・公式

名前のついた定理および公式は一通りに決まるので the をつけて表す．ただし「〜の（所有格の人名）定理」の形では冠詞は不要である．

the Schwarz inequality（シュワルツの不等式），the mean value theorem（平均値の定理），Cauchy's inequality（コーシーの不等式），Pythagoras's theorem（ピタゴラスの定理）＝ the Pythagorean theorem, the Bolzano–Weierstrass theorem（ボルツァノ–ワイエルストラスの定理．2 人の名前がついている場合），the central limit theorem（中心極限定理）

Pythagórean は「ピタゴラスの」という形容詞である．"s" で終わる名前の場合は Pythagoras' theorem のように最後の s を省いてもよい．

比較：Galois theory ガロア理論, set theory 集合論, probability theory 確率論（分野を表す「〜論」は不可算名詞扱いで無冠詞）

例文中の単語

以下の名詞はすべて C（可算名詞）.

mátrix ［メイトリクス］　行列
polynómial　多項式
polynomial of odd degrée　奇数次の多項式／
　polynomial of degree m　m 次の多項式
zéro　零点（関数の値が 0 をとる点）
mónotone　単調な（単調増加または減少）

mónotone incréasing　単調増加の／monotone decréasing　単調減少の
séquence　列，数列
n–diménsional Euclídean space　n 次元ユークリッド空間
injéction　単射（1 対 1 写像）
nonzéro（形容詞）　ゼロでない
detérminant　行列式
ínverse matrix　逆行列
solútion　解
equátion　方程式，等式
characterístic polynomial　特性多項式（固有多項式）
éigenvalue［アイゲンヴァリュー］　固有値（⇔ éigenvector　固有ベクトル）
róot　根（こん）
absolúte válue　絶対値
derívative　導関数
táke (on)　（値を）とる（※ on はなくてもよい）

2.2　英語の文章を読むときの一般的注意 2

第 1 章ではまず主語と述部の組を探すことに集中した．今度はさらに，

動詞が自動詞か他動詞かの区別に注意しよう．自信がない場合は辞書
で確かめる．他動詞なら動作の対象となる目的語があるはず．（節末
に文法用語をまとめた．）
Check the verb. If it is transitive, it requires an object.

例

♪ But f does not satisfy the condition of Theorem 3.
訳：だが f は定理 3 の条件をみたさない．

satisfy（〜をみたす）は他動詞なので目的語があるはずで，the condition
of Theorem 3 が目的語である．

♪ If continuity fails to hold at a single point, the conclusions may fail.
訳：1 点でも連続でない点があれば，結論が成り立たないことがある．

この hold（成り立つ）は自動詞なので目的語はもたない．最初の「fail +
to 不定詞」は「〜しない」の意味で，fail to hold は「成り立たない」と
いう意味になる．文の最後の fail は「うまくいかない」，すなわち「（結論
が）成り立たない」という意味の自動詞である．その前につく助動詞 may
は「〜かもしれない」という可能性を表すので「結論が成り立たないかも
しれない（成り立つこともあるかもしれないが）」．

存在文の主語

There is a positive solution to equation (1).

は，日本語にすると「方程式 (1) の正の解が存在する」となることから
わかるように，「方程式 (1) の正の解」が意味上の主語である．There
は is の直前の，普通なら主語が入る位置を占めている．高校では there
が（文法上の）主語であると習った読者もいるのではないだろうか．
本書でも，文の構造を知るためには there を主語とする方が探しやす
いので，there を存在文の主語として扱う．

テキスト 2 を，単語リストとそのあとの囲みを参考にして読んでみよう．
知っている内容のはずなのでそこから逆に文の構造（主語，述部，目的語，修
飾語句など）を分析してみよう．

本書で使う文法用語 2（名詞句と名詞節，目的語・補語）

名詞句：名詞に冠詞，形容詞，前置詞＋名詞句などがついて，全体とし
て名詞の役割を果たす，すなわち主部，目的語，補語になれるもの．

♪ The characteristic polynomial of a square matrix is a polyno-
mial which has the eigenvalues as roots.

この文の中では The characteristic polynomial of a square matrix
は名詞句で，文の主部である．また，a square matrix，the eigen-
values，および roots も名詞句．

名詞節：主語と述部を含むが全体として名詞の役割を果たすもの．

a polynomial which has the eigenvalues as roots は名詞節である.

例文全体は「A（主部）＋ be 動詞＋ B（補語)」（A は B である）の構造をもつ. 補語とは「何であるか」,「どのような状態にあるか」を表す語句である.

The characteristic ··· matrix が主部 A であり, a polynomial which has the eigenvalues as roots が補語 B である.

自動詞は最低限, 主語があれば文になれる.

他動詞は目的語をとる. 目的語とは「動詞が表す動作の対象」である.

関係詞句の which (=polynomial) has the eigenvalues as roots の中で has は他動詞でその目的語は the eigenvalues である.

2.3 テキスト 2：連続関数（続き）

1) Similarly, suppose that f is the function

$$f(x) = \begin{cases} 1/x, & x \neq 0, \\ 0, & x = 0. \end{cases}$$

Then f is continuous at every point of $[0,1]$ except 0, but f is not bounded above on $[0,1]$. In fact, for any number $N > 0$ we have $f(1/2N) = 2N > N$.

2) This example also shows that the closed interval $[a,b]$ in Theorem 2 cannot be replaced by the open interval (a,b), for the function f is continuous on $(0,1)$, but is not bounded there.

3) Finally, consider the function

$$f(x) = \begin{cases} x^2, & x < 1, \\ 0, & x \geq 1. \end{cases}$$

On the interval $[0,1]$ the function f is bounded above, so f does satisfy the conclusion of Theorem 2, even though f is not continuous on $[0, 1]$.

4) But f does not satisfy the conclusion of Theorem 3 — there is no y in $[0, 1]$ such that $f(y) \geq f(x)$ for all x in $[0, 1]$; in fact, it is certainly not true that $f(1) \geq f(x)$ for all x in $[0, 1]$ so we cannot choose $y = 1$, nor can we choose $0 \leq y < 1$ because $f(y) < f(x)$ if x is any number with $y < x < 1$.

5) This example shows that Theorem 3 is considerably stronger than Theorem 2. Theorem 3 is often paraphrased by saying that a continuous function on a closed interval "takes on its maximum value" on that interval.

6) As a compensation for the stringency of the hypotheses of our three theorems, the conclusions are of a totally different order than those of previous theorems. They describe the behavior of a function, not just near a point, but on a whole interval; such "global" properties of a function are always significantly more difficult to prove than "local" properties, and are correspondingly of much greater power.

7) To illustrate the usefulness of Theorems 1, 2, and 3, we will soon deduce some important consequences, but it will help to first mention some simple generalizations of these theorems.

[Spivak, p.121] より許可を得て，改変して転載.

テキスト 2 の単語

U は不可算名詞，C は可算名詞

símilarly　同様に
suppóse that　〜と仮定しよう，〜としよう
repláce ... by 〜　…を〜で置き換える
so（副詞）　だから
sátisfy（他動詞）　〜をみたす

consíderably（副詞）　ずっと

páraphrase（他動詞）　言い換える

take (on)　（値を）とる

máximum (válue) (C)　最大値

mínimum (value) (C)　最小値

compensátion (U/C)　埋め合わせ（るもの）

stríngency (U)　厳しさ

glóbal　大域的な

lócal　局所的な

próperty (C)　性質

signíficantly（副詞）　かなり，著しく

correspóndingly（副詞）　それに応じて

íllustrate（他動詞）　説明する（挿絵を入れるという意味もある）

méntion（他動詞）　～について書く，言及する

dedúce（他動詞）　演繹する，導く

generalizátion (U/C)　一般化（したもの）

仮定する

Suppose that　～と仮定せよ．～としよう．（命令文）

（仮定の場合も記号の導入の場合もあるので文脈に沿って訳す）

that 節が他動詞 suppose の目的語である．

例

♪ Suppose that f is the function（Let f be the function でもよい——テキスト 1 の 4) 参照）

$$f(x) = \begin{cases} 1/x, & x \neq 0, \\ 0, & x = 0. \end{cases}$$

訳：f を関数

$$f(x) = \begin{cases} 1/x, & x \neq 0, \\ 0, & x = 0 \end{cases}$$

としよう．

> **〜を考えよう**
>
> Consider 〜. ：〜を考えよう．（命令文）
>
> これも数学でよく使う表現である．consider は他動詞である．

例

♪ Consider a continuous function on $[-1, 1]$.

訳：$[-1, 1]$ 上の連続関数を考えよう．

> **任意の**
>
> any 〜, an arbitrary 〜：任意の〜
>
> （※ árbitrary は母音で始まる形容詞なので，あとにくる名詞が単数の可算名詞の場合は，不定冠詞は an になる．）

例

♪ For any number $N > 0$, we have $f(1/2N) = 2N > N$.（テキスト 2）

訳：任意の正の数 N に対して，$f(1/2N) = 2N > N$ となる．

♪ The function f takes (on) any value between 0 and 1.

訳：関数 f は 0 と 1 の間の任意の値をとる（＝すべての値をとる）．

♪ If f is an arbitrary function, it is not necessarily true that

$$\lim_{x \to a} f(x) = f(a).$$

（4.3 節のテキスト）

訳：f を任意の関数とするとき，

$$\lim_{x \to a} f(x) = f(a)$$

は成り立つとは限らない．

2.4 テキスト 2 解説

1) ● Similarly,（同様に）は文全体を修飾する副詞である．テキスト 1 の
   4) にある関数とここで挙げている 2 つの関数はどのような意味で似

ているのか考えてみよう.

- *f* is the function はすぐ次に具体例があって関数が特定されている.
  数式も文の一部である. コンマとピリオドの位置に注意しよう.

- 名詞に every が付いたら, 冠詞はつかない.

- in fact　「実際, その証拠に」. 理由を簡単に述べるときによく用い
  る. ここでも, *f* が有界でないことを具体的に説明している (任意の
  N に対して $f(x) > N$ となる点 $x \in [0,1]$ があることを述べている).

同様に, *f* を次の関数としよう.

$$f(x) = \begin{cases} 1/x, & x \neq 0, \\ 0, & x = 0. \end{cases}$$

このとき *f* は $[0,1]$ 内の 0 以外のすべての点で連続であるが, *f* は $[0,1]$
上で上に有界ではない. 実際, 任意の数 $N > 0$ に対して $f(1/2N) = 2N > N$ となる.

2) この文も 3 つの主語・述部の組があるが, 順に探していこう.

- This example shows that ∼　この例は∼ということを示す (この例
  から∼ということがわかる). この部分の主語・述部の組はだいじょ
  うぶですね?

- that 節が他動詞 show の目的語である. that 節の主語は interval, 述
  部は cannot be replaced. これは受動文 (受け身) なので, 能動文に
  してみると

  One cannot replace the closed interval $[a, b]$ in Theorem 2 by
  the open interval (a, b). (one は一般の人. わざわざ訳さなく
  てよい.)

  まとめると

「定理 2 の閉区間は開区間で置き換えることはできない」

- for 接続詞.「その理由は〜」(接続詞について詳しくは第 5 章参照)
  for に続く部分は節なので主語と述部がある. 主語は f, 述部は and でつながれた is と is not.

▌ この例は定理 2 の閉区間 $[a, b]$ は開区間 (a, b) で置き換えられないこと
▌ も示している. f は $(0, 1)$ 上で連続だが有界ではないからである.

3) • Finally, 最後に. 文全体を修飾する副詞である.

- On the interval $[0, 1]$ は特定の区間 $[0, 1]$ なので冠詞は the である. the conclusion of Theorem 2 も「定理 2 の」によって conclusion が特定される.

  so（よって, だから）は副詞だが, 接続詞のように 2 つの文をつなぐことができる. 最初の部分の動詞は is, そのあとの述部は does satisfy である.

  satisfy は他動詞で目的語は the conclusion of Theorm 2.

  f does satisfy the conclusion of Theorem 2 does は強調を表す.「f は確かに定理 2 の結論をみたす」.

  even though で始まる節も主語・述部をもつ.「f は $[0, 1]$ 上で連続でないけれども」, すなわち「f は $[0, 1]$ に不連続点をもつけれども」の意味（「いたるところ不連続」という意味ではない）.

▌ 最後に, 次の関数を考えよう.

$$f(x) = \begin{cases} x^2, & x < 1, \\ 0, & x \geq 1. \end{cases}$$

▌ 区間 $[0, 1]$ 上では関数 f は上に有界であるから, f は $[0, 1]$ 上で連続で
▌ はないにもかかわらず定理 2 の結論をみたす.

4) • But f does not satisfy the conclusion of Theorem 3 のあとに—（ダッシュ）をはさんで説明を加えている. さらに, セミコロンで文をつなげて; in fact, で説明の内容の正当性を述べている. 以下の部分は

一見わかりにくいが，数学としての意味を考えながら読んでいこう．$[0,1]$ で f が最大値をとるような y（紛らわしいが，ここで y は $[0,1]$ に属する数）が存在しないことを言いたいので，$y = 1$ の可能性とそれ以外に分けて，そこでの値が最大値になりうるかを調べている．

- まず $y = 1$ の可能性のチェック．

  it is certainly not true that $f(1) \geq f(x)$ for all x in $[0,1]$ $[0,1]$ に属するすべての x に対して $f(1) \geq f(x)$ であるとは言えない（$f(1)$ を最大値の候補としてチェックしているが，$f(0) = f(1) = 0$ で $0 < x < 1$ に対しては $f(1) < f(x)$ なので条件をみたさない）．本当は，for all $x \in [0,1]$, so のように，「だから」の意味で用いられる so の前にはコンマがある方が読みやすい．

- 次に 1 以外の可能性をチェック．

  we cannot choose $y = 1$, nor can we choose $0 \leq y < 1$ 否定の連続（nor のあとは not がなくても否定になる）．$y = 1$ ととることもできないし $0 \leq y < 1$ ととることもできない．否定辞 nor のあとで we can choose $0 \leq y < 1$ に倒置が起こって nor can we choose $0 \leq y < 1$ となっている．

  $0 \leq y < 1$ となる y を選べない理由を because $f(y) < f(x)$ if x is any number with $y < x < 1$ と述べている．

- x is any number <u>with</u> $y < x < 1$ x は $y < x < 1$ をみたす任意の数（このような with の使い方は第 7 章参照）．

  x is any number <u>satisfying</u> $y < x < 1$

  でもよいし，関係代名詞を使って

  x is any number <u>that satisfies</u> $y < x < 1$

  とも言えるが，上のような簡潔な表現も覚えておくとよい（ここで先行詞に any がつくため，関係代名詞は which でなく that を用いている．3.1 節，6) 参照）．

しかし f は定理 3 の結論はみたさない．$[0,1]$ 内のすべての x に対して $f(y) \geq f(x)$ となるような y は，$[0,1]$ 内に存在しないのである．なぜなら，$f(1) \geq f(x)$ がすべての $[0,1]$ 内の x に対して成り立つという主張はもちろん誤りなので，$y = 1$ ととることはできない．また，$0 \leq y < 1$ ととることもできない．x が $y < x < 1$ をみたすならば $f(y) < f(x)$ となるからである．

5) ● a continuous function on a closed interval "takes on its maximum value" on that interval. 「(一般の) 閉区間上の (一般の) 連続関数」なので不定冠詞を用いている．最大値は区間全体を見わたして最大値であることがわかるので on that interval.

♣ ここで最大値の定義を確認しておこう．区間 I 上の関数 f が $x = c$ で最大値をとるとは，任意の $x \in I$ に対して $f(x) \leq f(c)$ であり，かつ $c \in I$ であること (テキスト 7 の最初の部分で定義されている上限 (sup) と比較せよ)．

この例は定理 3 は定理 2 よりずっと強いことを意味する．定理 3 は，閉区間上の連続関数はその区間で「最大値をとる」と通常言い表す．

6) ● As a compensation　(いくつかあるうちの) ひとつの埋め合わせとして

● those of previous theorems の those は直前に出た定冠詞のついた複数名詞をさす．ここでは the conclusions.

● different from/than　〜と異なる (from が正式だが than も使われる)．

● 本章で考えている 3 つの定理の仮定は (前章よりも) きついが，その代わりに，結論は前の章の定理とは別格 (レベルが上ということ) である (別格という意味は，以下で言うように関数のある 1 点の周りの性質ではなく，区間全体の性質を述べているということ)．

● 他動詞 describe の目的語にあたる名詞句は the behavior of a function,

not just near a point, but on a whole interval

　　not just near a point, but on a whole interval は後ろから the behavior of a function にかかる修飾語句である．behavior は不可算名詞であることに注意（第1章参照）．

- not just … but　〜だけでなく〜も

- a whole interval　（ある）区間全体

　　「これらの定理の結論は1点の周りだけでなく区間全体における関数のふるまいについて述べている．」

- internal; のセミコロンのあとは「A（主語）+ be 動詞 + B（補語）」，「A は B である」が2つつながったものである．

　　A = such "global" properties of a function
　　be 動詞 = are
　　B = significantly more difficult to prove than "local" properties

　　and によって並列で主語を共通にしてもうひとつ

　　be 動詞 = are
　　B' = of much greater power (= much more powerful)

　　B' は「be of C　C をもつ」の形で，C は性質を表す名詞句である．
　　B' の意味は「（大域的性質は局所的性質）よりはるかに威力がある」．

- more difficult to prove の to prove は to 不定詞が形容詞を修飾する（どのような点で難しいか）副詞的用法（付録 A の tough 構文を参照）．

本章の定理の仮定はきついが，その埋め合わせとして，前章の定理とは全く別格の結論にいたる．その違いは，1点のすぐ近くのみならず区間全体における関数のふるまいを述べていることである．こうした関数の「大域的」な性質はつねに「局所的」性質より証明がはるかに難しい．しかしその分ずっと強力なのである．

7) • To illustrate ...   目的を表す．**to** 不定詞の副詞的用法で文全体を修飾する．

　　「定理 1, 2, 3 が役立つことを示すために，今から重要な帰結をいくつか導く.」

　　定理 3 つをひとまとめにしているので Theorems と複数形になっていることに注意．

• it will help to first mention some simple generalizations of these theorems   it は形式主語で，it = to first mention some simple generalizations of these theorems（まずこれらの定理の簡単な一般化の例をいくつか述べること）がこの文の主語．これは **to** 不定詞の名詞的用法である．

> 定理 1, 2, 3 が役立つことを示すために，これらから導かれる重要な帰結を紹介しよう．だがその前にこれらの定理を少しだけ一般化しておくとよいだろう．

前の文の内容をうける which の非制限用法

～, which means that　（文）
このことは（文）を意味する．

---

value と number の使い分け

value　値（関数の値，変数の値など）.
number　数（有理数，整数など）.
このテキストでどう使い分けられているか注意してみよう．

　定理 4 から先はこれまで使われていた表現ばかりなので，独力で読んでみよう．

　いくつかの注意．

• the Intermediate Value Theorem　中間値の定理（大文字にしなくてもよい）（ちなみに平均値の定理は the mean value theorem）

- Let $g = f - c.$　$g = f - c$ とする.

　前に let A be B という表現がでたが, このように, let (式) という使い方もできる.

- By Theorem 1　定理 1 のあとに述べることが重要なので「定理 1 より」は文頭に出す.

- But this means that $f(x) = c.$ の But　「ところが」と訳してもよいが, 逆接でなく種明かしの But.「実はもうこれで証明は完成している!」と言いたい.

- Theorems 4 and 5 together show that ∼.

　定理 4 と 5 が合わさって∼を示す.　→定理 4 と 5 を合わせると∼がわかる.

- we can do even better than this:

これよりさらにうまくできる→それだけではない.

　「それだけではない」内容をコロンのあとに具体的に述べている.「区間 $[a,b]$ 上で, $f(a)$ と $f(b)$ の間のすべての値をとる」と,「区間 $[c,d]$ 上で, $f(c)$ と $f(d)$ の間のすべての値をとる」を比べると, たとえば, $f(c)$ の値は $f(a)$ と $f(b)$ の間にあるとは限らないので一般化になっている.

- take on any value between $f(a)$ and $f(b)$

　$f(a)$ と $f(b)$ の間の任意の値をとる (=すべての値をとる).

- Summarizing,　まとめると. 文全体を修飾する.

- it takes on every value in between. in between は「(2 つの値の) 間の」.

- , that is,　すなわち. 説明を加えている.

- ensure the existence of　∼の存在を保証する.

2.5　テキスト 2 の続き

Theorem 4

If f is continuous on $[a, b]$ and $f(a) < c < f(b)$, then there is some x in $[a, b]$ such that $f(x) = c$.

Proof

Let $g = f - c$. Then g is continuous, and $g(a) < 0 < g(b)$. By Theorem 1, there is some x in $[a, b]$ such that $g(x) = 0$. But this means that $f(x) = c$.

Theorem 5

If f is continuous on $[a, b]$ and $f(a) > c > f(b)$, then there is some x in $[a, b]$ such that $f(x) = c$.

Proof

The function $-f$ is continuous on $[a, b]$ and $-f(a) < -c < -f(b)$. By Theorem 4 there is some x in $[a, b]$ such that $-f(x) = -c$, which means that $f(x) = c$.

Theorems 4 and 5 together show that f takes on any value between $f(a)$ and $f(b)$. We can do even better than this: if c and d are in $[a, b]$, then f takes on any value between $f(c)$ and $f(d)$. The proof is simple: if, for example, $c < d$, then just apply Theorems 4 and 5 to the interval $[c, d]$. Summarizing, if a continuous function on an interval takes on two values, it takes on every value in between; this slight generalization of Theorem 1 is often called the Intermediate Value Theorem.

Theorem 6

If f is continuous on $[a, b]$, then f is bounded below on $[a, b]$, that is, there is some number N such that $f(x) \geq N$ for all x in $[a, b]$.

Proof

The function $-f$ is continuous on $[a, b]$, so by Theorem 2 there is a number M such that $-f(x) \leq M$ for all x in $[a, b]$. But this means that $f(x) \geq -M$ for all x in $[a, b]$, so we can let $N = -M$.

Theorems 2 and 6 together show that a continuous function f on $[a, b]$ is bounded on $[a, b]$, that is, there is a number N such that $|f(x)| \leq N$ for all x in $[a, b]$. In fact, since Theorem 2 ensures the existence of a number N_1 such that $f(x) \leq N_1$ for all x in $[a, b]$, and Theorem 6 ensures the existence of a number N_2 such that $f(x) \geq N_2$ for all x in $[a, b]$, we can take $N = \max(|N_1|, |N_2|)$.

Theorem 7

If f is continuous on $[a, b]$, then there is some y in $[a, b]$ such that $f(y) \leq f(x)$ for all x in $[a, b]$.

(A continuous function on a closed interval takes on its minimum value on that interval.)

Proof

The function $-f$ is continuous on $[a, b]$; by Theorem 3 there is some y in $[a, b]$ such that $-f(y) \geq -f(x)$ for all x in $[a, b]$, which means that $f(y) \leq f(x)$ for all x in $[a, b]$.

[Spivak, pp.121–122] より許可を得て，改変して転載.

テキスト 2 のつづきの中の単語

applý ... to ～　…を～に適用する，用いる
súmmarize（自・他動詞）　要約する
summarizing（副詞として）　要するに
slight　わずかな，ちょっとした
ensúre（他動詞）　保証する
exístence (U)　存在

2.6　冠詞はこわくない

次の ☐ に適切な冠詞を入れよ．冠詞がいらない場合は ☐×☐ と書くこと．☐ の部分だけでなく前後を見て判断しよう．

ざっくりした見分け方

- 原則として**単数の可算名詞**には冠詞がつく．

- **名前のついている**定理，公式は一通りに決まるので the.

- 初出（初めて出るもの）か既出（文の前の方にも既にあるもの）か？
    既出→ the（前に出ているので一通りに決まる）．
    初出→前後の文脈・常識から読者にとって一通りに決まるか？
        Yes → the.
        No →単数なら a, an，複数なら冠詞なし．

冠詞と同時には名詞につかない語

every, each, any, some, no, another, either, neither, both, this, that, these, those, our, its, their, Cauchy's など代名詞，名詞の所有格

---

(1) This chapter is devoted to ☐ three theorems about continuous functions, and some of their consequences. ☐ proofs of ☐ three theorems themselves will not be given until ☐ next chapter, for reasons which are explained at ☐ end of ☐ this chapter.

(2) Geometrically, this means that ☐ graph of ☐ continuous function which starts below the horizontal axis and ends above it must cross this axis at some point.

(3) If f is continuous on $[a, b]$, then f is bounded above on $[a, b]$, that is, there is some number N such that $f(x) \leq N$ for all ☐ x in $[a, b]$.

(4) These three theorems differ markedly from the theorems of Chapter 6. ☐ hypotheses of those theorems always involved continuity at ☐

single point, while ☐ hypotheses of ☐ present theorems require ☐ continuity on a whole interval $[a, b]$ — if ☐ continuity fails to hold at ☐ single point, ☐ conclusions may fail. For example, let f be ☐ function

$$f(x) = \begin{cases} -1, & 0 \le x < \sqrt{2}, \\ 1, & \sqrt{2} \le x \le 2. \end{cases}$$

Then f is continuous at ☐ every point of $[0, 2]$ except $\sqrt{2}$, and $f(0) < 0 < f(2)$, but there is no point x in $[0, 2]$ such that $f(x) = 0$; ☐ discontinuity at ☐ single point $\sqrt{2}$ is sufficient to destroy ☐ conclusion of Theorem 1.

(5) This example also shows that ☐ closed interval $[a, b]$ in ☐ Theorem 2 cannot be replaced by ☐ open interval (a, b).

(6) As a compensation for ☐ stringency of ☐ hypotheses of our three theorems, the conclusions are of ☐ totally different order than those of previous theorems. They describe ☐ behavior of a function, not just near a point, but on a whole interval; such "global" properties of a function are always significantly more difficult to prove than "local" properties, and are correspondingly of much greater power. To illustrate ☐ usefulness of ☐ Theorems 1, 2, and 3, we will soon deduce some important consequences, but it will help to first mention some simple generalizations of these theorems.

2.7 演習問題・数学用語集 2（定理・式）

冠詞に注意して英訳せよ.

1. この例は定理 2 の閉区間 $[a, b]$ が開区間 (a, b) で置き換えられないことを示している.

2. 定理 4 と 5 は f が $f(a)$ と $f(b)$ の間の任意の値をとりうることを示している.

3. f がある閉区間 $[a,b]$ 上で定義された連続関数ならば，f は $[a,b]$ 上で最大値と最小値をもつ.

4. f がある閉区間 $[a,b]$ 上で定義された連続関数で，$f(b) < 0 < f(a)$ ならば，方程式 $f(x) = 0$ は開区間 (a,b) 内に解をもつ.

5. 関数 $f(x) = x^2$ は $(-\infty, +\infty)$ 上で，下に有界だが，$g(x) = x^3$ は $(-\infty, +\infty)$ 上で，上にも下にも有界ではない. (neither $\cdots$ nor)

   （1 はテキスト 2 にある文ほとんどそのままである. 2 以下の解答例は巻末）

記号の読み方

x^2 x squáred x^3 x cúbed

x^n x to the power of n (x to the n)

x' x prime x'' x double prime

10^5 ten to the five

10^{-5} ten to the minus five

$\sqrt{2}$ the square root of 2

$\sqrt[3]{2}$ the cube root of 2

$\sqrt[n]{a}$ the n-th root of a

$n!$ n factórial

A/B A over B

x^{-1} the recíprocal of x, x ínverse

$\displaystyle\int_a^b f(x)\,dx$ the íntegral from a to b of f

$p \equiv 1 \bmod 8$ p is cóngruent to 1 módulo 8.

記号の読み方をもっと知りたい人は［数学英和・和英］351–358 ページ参照.

数学用語集 2（定理・式）

いずれも C（可算名詞）.

théorem 定理

proposítion 命題

córollary 系

lémma 補題

próof 証明

conjécture 予想

fórmula（複数形：formulas, formulae） 式，公式／Euler's formula オイ

　　ラーの公式

equátion　等式，方程式／a system of linear equations　連立一次方程式

equálity　等式

idéntity　等式（ほかの意味もあとで学ぶ）

inequálity　不等式

hypóthesis（複数形：hypótheses）　仮定

conclúsion　結論

condítion　条件

cónsequence　結論（定理の中の結論ではなくて，定理から導かれること），帰結

term　項

síde　辺（三角形などの「辺」の意味にも使われる）

ríght-hand side（または right side）　右辺

léft-hand side（または left side）　左辺

both sides　両辺

the mean value theorem　平均値の定理

the intermédiate value theorem　中間値の定理

convérse（cónverse）　逆

invérse（ínverse）　裏

contraposítion　対偶

negátion　否定

contradíction　矛盾

第3章

関係代名詞および関係副詞

Relative pronouns and relative adverbs

3.1 英語のルール：関係代名詞・関係副詞

制限用法 (restrictive)

修飾することによって対象に制限を加える．直前にコンマを付けない．

♪ The equation $f(x) = 0$ has a solution which is positive.

訳：方程式 $f(x) = 0$ は正の解をもつ（※ 0 や負の解ももつかもしれない）．

非制限用法 (non-restrictive)

付加的な修飾句であり，修飾する対象に制限を加えない．直前にコンマを付ける．

♪ The equation $f(x) = 0$ has a unique solution, which is positive.

訳：方程式 $f(x) = 0$ は唯一の解をもち，その解は正である．（※ = The equation $f(x) = 0$ has a unique solution and it is positive.）

名詞・代名詞の格 (case)

主格（主語）　I

目的格（目的語，前置詞の後）　　me

所有格　my

1) **which, that**（主格・目的格の関係代名詞）

♪ the graph of a continuous function <u>which</u> starts below the horizontal axis and ends above it

訳：x 軸の下方から始まって上方で終わる連続関数のグラフ（※制限用法）

先行詞（関係代名詞が身代わりになっているもの）は the graph.

♪ Let f be a monotone function on $[c, d]$, and consider the set of jump discontinuities in $[c, d]$ for <u>which</u> the jump exceeds $1/m$. [Strichartz]

訳：f を $[c, d]$ 上の単調な関数とし，$1/m$ より大きい跳びが起こる $[c, d]$ 内の不連続点の集合を考えよう（※制限用法）.

which の先行詞は the jump discontinuities（関数の値の跳びが起こる不連続点）. The jump exceeds $1/m$ for the jump discontinuities. の the jump discontinuities が which に置き換わり，さらに for which が前（先行詞の近く）に移動して上の形になった. ちなみにここでは discontinuity は「関数が不連続な点」の意味で使われているので可算名詞である.

♣ 数学的内容の補足：テキスト 1 の定理 3 のすぐ後に例として挙げられている関数 $f(x) = -1, (0 \leq x < \sqrt{2}), f(x) = 1, (\sqrt{2} \leq x \leq 2)$ は，不連続点 $x = \sqrt{2}$ で大きさ $1 - (-1) = 2$ の「跳び」が起こっている.

♪ Lemma 1.3, <u>which</u> we proved in this section, is crucial for the proof of Theorem 2.1 in the next section.

訳：本節で補題 1.3 を証明したが，この補題は次章の定理 2.1 の証明においてきわめて重要である（※非制限用法）.

♪ The function $-f$ is continuous on $[a, b]$ and $-f(a) < -c < -f(b)$. By Theorem 4 there is some x in $[a, b]$ such that $-f(x) = -c$, <u>which</u> means that $f(x) = c$.（テキスト 2 の続き）

訳：関数 $-f$ は $[a, b]$ 上で連続，かつ $-f(a) < -c < -f(b)$ をみたす. 定理 4 より，$[a, b]$ 内にある x が存在して，$-f(x) = -c$ をみたす. このことは $f(x) = c$ を意味する（※非制限用法）.

先行詞は $-f(x) = -c$. which は非制限用法で前の文や節をさすことがよくある.

2) **who, that** (人の主格の関係代名詞)

♪ Kiyosi Itô, who developed what is now known as Itô calculus, was awarded the Gauss Prize in 2006.

訳：伊藤清は，現在では伊藤解析として知られる理論を構築して，2006年にガウス賞を受賞した（※非制限用法）.

♪ That man who is talking with Dr. Ito over there is Freeman Dyson.

訳：あそこで伊東氏と話している人がフリーマン・ダイソンです（※制限用法）.

3) **whose** (所有格の関係代名詞，無生物に対しても使う)

♪ A C^1-function is a differentiable function whose derivative is continuous.

訳：C^1 級の関数とは，微分可能で（その関数の）導関数が連続な関数である（※制限用法，the derivative of which と言ってもよい）.

4) **what**：先行詞も含んでいて the thing which の意味

♪ This is basically what Theorem 1 says.

訳：これが本来定理 1 が述べていることである.

5) **where** (関係副詞)

♪ Given a positive integer n, which primes p can be expressed in the form

$$p = x^2 + ny^2,$$

where x and y are integers? （テキスト 10）

訳：正の整数 n が与えられたとき，どのような素数 p が

$$p = x^2 + ny^2$$

の形に表されるだろうか. ここで x, y は整数とする.

このような非制限用法の where は頻繁に使われる. 1 行目の which は

疑問代名詞「どの」であることに注意.

6) **関係代名詞 that に関するいくつかの注意**

  A) that は非制限用法では用いない.

  B) 前置詞の直後に that は用いない.

    例えば,「(関数) f が定義されるような数」は, numbers for that f is defined は誤りで, numbers for <u>which</u> f is defined とする.

  C) 次のような場合は原則 that を用いる.

    ● 先行詞に形容詞の最上級, first, only, every, all, any, no などがつく場合.

    ● 先行詞が all, anything, everything, nothing などの場合.

      ♪ all <u>that</u> is needed for a rigorous model
      訳：厳密なモデルに必要なすべてのもの

  さらに, 関係詞ではないが名詞を修飾するのに頻繁に使われるものとして 7), それと似た形をしているが副詞的働きをする 8) が重要なのでここで挙げておこう. (The following expressions are used like relative pronouns and relative adverbs.)

7) **such that** (…となるような)　　形容詞節として名詞を修飾する.

  ♪ A sequence $\{a_n\}$ is said to be *bounded* if there is a positive number N <u>such that</u> $|a_n| < N$ for all n.
  訳：数列 $\{a_n\}$ が有界であるとは, すべての n に対して $|a_n| < N$ となるような正の数 N が存在することである (→ある正の数 N があって, すべての n に対して $|a_n| < N$ が成り立つことである).

  用語の定義をする文はいくつかの書き方があるが, これは if を用いた定義文の例である. if の前の用語 (ここでは bounded) を, if で始まる節 if there is ... for all n によって定義している. 定理を述べるのに用いる If ∼, then ∼. と区別しよう.

8) **so that**

副詞節として動詞または文全体を修飾する．原則としては前にコンマがなければ「…となるように」，前にコンマがあれば「その結果」（「つまり」と訳すとぴったりくることもある）．

♪ We will use the coordinate form $x = (x_1, \ldots, x_n)$, $y = (y_1, \ldots, y_n)$. Addition and scalar multiplication are defined in the usual manner, <u>so that</u> $x + y = (x_1 + y_1, \ldots, x_n + y_n)$ and $\lambda x = (\lambda x_1, \ldots, \lambda x_n)$, where λ is a real scalar. （テキスト 6）

訳：以下では座標表示 $x = (x_1, \ldots, x_n)$, $y = (y_1, \ldots, y_n)$ を用いる．和とスカラー倍は通常の定義と同じである．つまり，$x + y = (x_1 + y_1, \ldots, x_n + y_n)$ および $\lambda x = (\lambda x_1, \ldots, \lambda x_n)$ である．ここで，λ は実数のスカラーである．

最後の where λ is a real scalar は where の非制限用法．訳すと「ここで…である」，「ただし…とする」．

制限用法は that か which か

[野水] では，第 4 章の添削例で，主格と目的格の関係代名詞の制限用法として which を用いているところを全部 that に直している．[Strunk] は that は制限用法に用い，which は非制限用法に用いると書いている．

一方，[安藤]，[ロイヤル] では，両方とも制限用法に用いられるが，which の方が「改まった言い方」と述べている．

結局，正統な文法では [Strunk] が述べている通りだろうが，数学の文献を調べてみると，6) の that に関する注意 A)–C) 以外の場合は which/that の区別をしていないようである．ただ，ひとつの文に同じ関係代名詞が現れるとか，that 節の中に関係代名詞 that が現れるなどの紛らわしいケースは避けるべきとされている．

例えば，

We believe that that machine that we built will work. （[Follet]，悪文の例として）

訳：私たちは，私たちが作ったあの機械は動くと信じている．

読者も本書のテキストで that と which を探してみたらいかがでしょう（本章のコラムも参照）．

3.2　テキスト 3：積分

1) **Theorem 1** (Integration by parts)

If f' and g' are continuous, then

$$\int f(x)g'(x)\,dx = f(x)g(x) - \int f'(x)g(x)\,dx,$$
$$\int_a^b f(x)g'(x)\,dx = f(x)g(x)\Big|_a^b - \int_a^b f'(x)g(x)\,dx.$$

Integration by parts is useful when the function to be integrated can be considered as a product of a function f, whose derivative is simpler than f, and another function which is obviously of the form g'.

Example

$$\int xe^x\,dx = xe^x - \int 1\cdot e^x\,dx = xe^x - e^x,$$

where $x \to f$, $e^x \to g'$.

2) **Theorem 2** (The substitution formula)

If f and g' are continuous, then

$$\int_{g(a)}^{g(b)} f(u)\,du = \int_a^b f(g(x))\cdot g'(x)\,dx.$$

Example

Consider

$$\int \frac{e^{2x}}{\sqrt{e^x + 1}}\,dx.$$

We will replace the entire expression $\sqrt{e^x + 1}$ by one letter. Thus we choose the substitution

$$u = \sqrt{e^x + 1}, \qquad u^2 = e^x + 1, \qquad u^2 - 1 = e^x,$$

$$x = \log(u^2 - 1), \quad dx = \frac{2u}{u^2 - 1}\, du.$$

The integral then becomes

$$\int \frac{(u^2 - 1)^2}{u} \cdot \frac{2u}{u^2 - 1}\, du = 2 \int (u^2 - 1)\, du = \frac{2u^3}{3} - 2u.$$

Thus

$$\int \frac{e^{2x}}{\sqrt{e^x + 1}}\, dx = \frac{2}{3}(e^x + 1)^{3/2} - 2(e^x + 1)^{1/2}.$$

註：ここで積分定数は省略している.

[Spivak, pp.362, 363, 365, 370–371] より許可を得て，改変して転載.

用語は章末の数学用語集 3 参照.

3.3　テキスト 3 解説

1)　● the function to be integrated　積分されるべき関数. integrand（被積分関数）とも言う. to be integrated は **to 不定詞の形容詞的用法**. 受身の形なので「～されるべき」.

♪ a function f, <u>whose</u> derivative is simpler than f,
訳：ある関数 f と，それも f 自身よりその導関数の方が簡単な形だとして（※ whose derivative is simpler than f は挿入的），

♪ （式）, where $x \to f, e^x \to g'$.
訳：ここで，$x \to f, e^x \to g'$ とした（※ where の非制限用法）.

定理 1（部分積分）
f' と g' が連続ならば,

$$\int f(x)g'(x)\,dx = f(x)g(x) - \int f'(x)g(x)\,dx,$$

$$\int_a^b f(x)g'(x)\,dx = f(x)g(x)\Big|_a^b - \int_a^b f'(x)g(x)\,dx$$

が成り立つ.

部分積分が役立つのは,被積分関数が,ある関数 f と,それも f 自身よりその導関数の方が簡単な形だとして,いかにも g' という形をしている関数の積になっているときである.

例

$$\int xe^x\,dx = xe^x - \int 1 \cdot e^x\,dx = xe^x - e^x.$$

ここで $x \to f, e^x \to g'$ とした.

2) ● the substitution formula　置換積分の公式.

♪ replace the entire expression $\sqrt{e^x + 1}$ by one letter.

訳:$\sqrt{e^x + 1}$ と表されているもの全体をひとつの文字で置き換える.

定理 2 (置換積分)

f および g' が連続ならば,

$$\int_{g(a)}^{g(b)} f(u)\,du = \int_a^b f(g(x)) \cdot g'(x)\,dx$$

が成り立つ.

例

$$\int \frac{e^{2x}}{\sqrt{e^x + 1}}\,dx$$

を考えよう.ここで $\sqrt{e^x + 1}$ 全体をひとつの文字で表す.すなわち次の置換を行う.

$$u = \sqrt{e^x + 1}, \qquad u^2 = e^x + 1, \qquad u^2 - 1 = e^x,$$

$$x = \log(u^2 - 1), \quad dx = \frac{2u}{u^2 - 1}\,du.$$

積分は

$$\int \frac{(u^2-1)^2}{u} \cdot \frac{2u}{u^2-1}\,du = 2\int (u^2-1)\,du = \frac{2u^3}{3} - 2u$$

となるから，

$$\int \frac{e^{2x}}{\sqrt{e^x+1}}\,dx = \frac{2}{3}(e^x+1)^{3/2} - 2(e^x+1)^{1/2}$$

を得る.

3.4　演習問題・数学用語集3（微分積分）

1. テキスト3の置換積分の例では x の複雑な表式をひとつの文字 u で表した．逆に，x を u の関数で表す方法が有効なこともある．以下ではこの2番目の方法を用いる例を説明している．これを英訳せよ（逐語訳する必要はない）.

別の例として，積分

$$\int \sqrt{1-x^2}\,dx$$

を考えよう．この場合は，複雑な表式をそれより簡単な表式で置き換える代わりに，x を $\sin u$ で置き換える．$\sqrt{1-\sin^2 u} = \cos u$ となるからである．

$$x = \sin u, \quad dx = \cos u\,du$$

とおくと，積分は

$$\int \sqrt{1-\sin^2 u}\,\cos u\,du = \int \cos^2 u\,du$$

となる．この積分の値を求めるには，等式

$$\cos^2 u = \frac{1+\cos 2u}{2}$$

を用いればよい．その結果

$$\int \cos^2 u\,du = \int \frac{1+\cos 2u}{2}\,du = \frac{u}{2} + \frac{\sin 2u}{4}.$$

よって

$$\int \sqrt{1-x^2}\,dx = \frac{\arcsin x}{2} + \frac{\sin(2\arcsin x)}{4}$$
$$= \frac{\arcsin x}{2} + \frac{1}{2}\sin(\arcsin x)\cdot\cos(\arcsin x)$$
$$= \frac{\arcsin x}{2} + \frac{1}{2}x\sqrt{1-x^2}$$

となる.

ヒント

値を求める　eváluate
値を求めること　evaluátion
表式　expréssion
等式　equátion
よって　thus, hénce, and
その結果　cónsequently
A を B で置き換える　repláce A by B
～する代わりに　instéad of ～ing
複雑な　cómplicated

---

2. 正しい関係代名詞・関係副詞, such that, so that を選べ. 両方とも正しい場合もある.

(1) the graph of a continuous function [which/that] starts below the horizontal axis and ends above it

(2) Let f be a monotone function on $[c,d]$, and consider the set of jump discontinuities in $[c,d]$ for [which/that] the jump exceeds $1/m$.

(3) Lemma 1.3, [which/that] we proved in this section, is crucial for the proof of Theorem 2.1 in the next section.

(4) The function $-f$ is continuous on $[a,b]$ and $-f(a) < -c < -f(b)$. By Theorem 4 there is some x in $[a,b]$ such that $-f(x) = -c$, [which/where] means that $f(x) = c$.

(5) Given a positive integer n, which primes p can be expressed in the form

$$p = x^2 + ny^2,$$

[which/where] x and y are integers?

(6) A sequence $\{a_n\}$ is said to be bounded if there is a positive number N [such that/so that] $|a_n| < N$ for all n.

3. 次の □ に適切な前置詞を入れよ.

This chapter is devoted □ three theorems about continuous functions, and some □ their consequences. The proofs □ the three theorems themselves will not be given until the next chapter, for reasons which are explained □ the end of this chapter.

Theorem 1.

If f is continuous □ $[a, b]$ and $f(a) < 0 < f(b)$, then there is some x □ $[a, b]$ such that $f(x) = 0$.

(Geometrically, this means that the graph □ a continuous function which starts below the horizontal axis and ends □ it must cross this axis □ some point.)

Theorem 2.

If f is continuous on $[a, b]$, then f is bounded above □ $[a, b]$, that is, there is some number N such that $f(x) \leq N$ □ all x □ $[a, b]$.

(Geometrically, this theorem means that the graph of f lies below some line parallel □ the horizontal axis.)

These three theorems differ markedly □ the theorems of Chapter 6.

As a compensation □ the stringency □ the hypotheses □ our three theorems, the conclusions are of a totally different order than those of previous theorems.

Let $g = f - c$. Then g is continuous, and $g(a) < 0 < g(b)$. $\boxed{}$
Theorem 1, there is some x $\boxed{}$ $[a, b]$ such that $g(x) = 0$. But this
means that $f(x) = c$.

数学用語集 3（微分積分）

C は可算名詞，U は不可算名詞．

íntegral (C)　積分（の値）

integrátion (U)　積分法

integration by parts　部分積分

íntegrable　積分可能な

íntegrate（他動詞）　積分する

íntegrand (C)　被積分関数

substitútion (U)　置換

prímitive (C)　原始関数

substitution formula　置換積分の公式

úpper límit (C)　（積分の）上端

lówer limit (C)　下端

differentiátion (U)　微分法

differéntiable　微分可能な

differéntiate（他動詞）　微分する

differéntial　微分の／differential geómetry　微分幾何学／
　differential equation　微分方程式／differential coefficíent　微分係数

derívative (C)　導関数

tángent (C)　接線

pártially differentiable　偏微分可能な

pártial derivative (C)　偏導関数

máximum (value) (C)　最大値

mínimum (value) (C)　最小値

lócal maximum (value) (C)　極大値

local minimum (value) (C)　極小値

コラム：覚えておくと役立つアクセントの規則

1. -ate で終わる語は，-ate の 2 つ前の母音に第 1 アクセント．

　例：differéntiate, íntegrate, íllustrate, eváluate

2. -tion, -ic で終わる語は，その直前の母音に第 1 アクセント．

　例：differentiátion, integrátion, substitútion, evaluátion, fráction, solútion, quadrátic, cúbic, trigonométric, characterístic

コラム：好奇心から数えてみた

先行詞が物で，制限用法の関係詞節の中で which または that が主語の場合を考えよう．例えば，

♪ the value of x <u>that</u> minimizes the function f

訳：関数 f を最小にする x の値

♪ a lemma <u>which</u> is crucial for the proof of the theorem.

訳：その定理の証明に不可欠な補題

このような場合，which と that のどちらが実際によく使われるだろうか．

Neal Madras, Gordon Slade（2人ともカナダ人）共著の *The Self-Avoiding Walk*, Birkhäuser で数えてみた．

制限用法関係代名詞 主格（各章ごとに）

	that	which	
第1章	3	23	
第2章	1	14	
第3章	18	3	
第4章	15	13	
第5章	2	54	(Slade)
第9章	80	47	(Madras)

それぞれの得意分野から，第5章が Slade，第9章が Madras であると思われる．2人の関係代名詞の使い方には顕著な差がある．このことから，第4章は Madras がおもに書いたと推測される．第6–8章および第10章を数えていないのは疲れたから．

コラム：母国語話者の頭の中は？——関係詞節について

原田なをみ

A. 関係詞節によって修飾されている名詞（関係詞節の先行詞）が，関係詞節の中で目的語の役割を果たしている場合

例：This is the man who(m) I was talking to the other day.

理論言語学ではこの文は次の構造をもっていると考える．

(1) This is the man who(m) [I was talking to ＿＿ the other day].

　この例では，"the man" という名詞句は be 動詞の補語である．この名詞句が [I was talking to ＿＿ the other day] という空所（下線の部分）を含んだ関係詞節によって修飾されている．「空所」とは「発音されない箇所」と考えてもらいたい．

　関係詞節の述部の中心となるのは "talking (to)" で，to も含めると「〜に話しかける」という他動詞と同等である．よって，主語（動作主）と目的語（動作の対象）の両方が必要であるが，主語 "I" は明記されている（したがって発音される）のに，目的語は明記されていない（したがって発音もされない）．このように，目的語が明記されず，発音されていない場合でも，英語の母国語話者は (1) の "talking to" の目的語の位置（下線部）には，この動詞の表している動作（話しかけること）の「対象」が存在する，と解釈している．この母国語話者の直観に基づき，理論言語学では (1) の下線部には，発音はされなくても，"talking to" の意味上の目的語である "the man" が存在している，と考え，例文中のその箇所に下線を引いたりしておき「空所」(a gap) とよんだりする．

　なぜ「空所」ができたかについては，そこにはもともと talking to の目的語として the man と同一物を指す who(m)（whom は who の目的格）があり，それが先行詞 the man の直後に移動した

と説明される．そして空所には "whom = the man" が目に見えない（音をもたない）形で残っていると考えるのである．

B. 関係詞節で修飾されている名詞が，関係詞節の中で主語として働いている場合

(2)a. This is the man who praised my performance yesterday.

(2)b. This is the man who [praised my performance yesterday].

　(2) の文では，"the man" はそれを修飾している関係詞節の主語に相当している．"who" が関係詞節の主語の役割を担う．

第 4 章

数学で使われる表現1

4.1 役に立つ基本的表現

1) 記号を定義する

- **Let**（式）

  ♪ <u>Let</u> $f(x) = x^2 - 1$.
  訳：$f(x) = x^2 - 1$ とする.

- **Let ＋名詞＋動詞原型**

  ♪ <u>Let</u> N <u>be</u> an integer greater than 2.
  訳：N を 2 より大きい整数とする.

  ♪ <u>Let</u> S <u>denote</u> the set of all even numbers.
  訳：S を偶数全体の集合とする.

- **Define**（式）

  ♪ <u>We define</u> $a_n = \sum_{k=1}^{n} b_k$.
  訳：$a_n = \sum_{k=1}^{n} b_k$ と定義する.

2) …と仮定しよう，…としよう

  ♪ <u>Suppose</u> now <u>that</u> (b) holds.
  訳：さて (b) が成り立つと仮定しよう.

♪ <u>Suppose that</u> the n by n matrix A has n linearly independent eigenvectors.

訳：（その）$n \times n$ 行列 A は n 個の 1 次独立な固有ベクトルをもつとする.

3) ～より…がわかる／導かれる

♪ Theorem 1 <u>shows that</u>（式または文）

訳：定理 1 が（式または文）を示す.

　　→定理 1 から（式または文）であることがわかる.

♪ The Pythagorean theorem <u>implies that</u>（式・文）

訳：ピタゴラスの定理は（式・文）を意味する.

　　→ピタゴラスの定理から（式・文）であることががわかる.

♪ <u>By</u> Lemma 1, <u>we have</u>（式）.

訳：補題 1 から（式）を得る.

have のあとに that 節は続けられない（詳しくは 4.2 節参照）. we は訳出しなくてよい.

♪ <u>From</u> Lemma 1, <u>we see that</u>（式・文）

訳：補題 1 から（式・文）がわかる.

♪ It <u>follows from</u> Lemma 2 that（式・文）

訳：補題 2 から（式・文）が導かれる.

It は形式主語で that 節がその内容の「～ということ」を表す（that 節については 4.2 節参照）.

4) 背理法の証明 (proof by contradiction) に使える表現

♪ Suppose that … / Assume that …

訳：～と仮定する.

「背理法で」と入れたければ，Suppose to the contrary that とすればよいが，いきなり Suppose that で始めることが多い.

♪ …, which is a contradiction.

訳：（直前に書いてあること）は矛盾である.

♪ This contradicts ….

訳：このことは…と矛盾する.

♪ This is a contradiction.

訳：このことは矛盾である.

5) **理由を述べるのに使える接続詞**（これまでのテキストで探してみよう）

since, because（for は数学書ではあまり使われない.）

♪ The matrix S has an inverse, <u>because</u> its columns are assumed to be linearly independent.（テキスト 4）

訳：行列 S は逆行列をもつ. それは列ベクトルが線形独立であると仮定したからである.

♪ <u>Since</u> f is continuous on $[a, b]$, it has a maximum and a minimum value on that interval.

訳：f は $[a, b]$ で連続なので，この区間上で最大値と最小値をとる.

6) **論理的帰結を表す副詞「ゆえに」**（これまでのテキストで探してみよう）

(　) の中は Oxford Advanced Learners' Dictionary より.

therefore (for that reason), hence (for this reason), thus (as a result of this, in this way), consequently (as a result, therefore)（結果として，必然的に），so「だから」（接続詞のように使われて，2 つの文をつなぐ）（付録 A のコラム参照).

7) **証明終わり**

♪ This completes the proof.　訳：証明終.

8) **その他**

- 同様に　símilarly, in a símilar fashion, in a similar manner

- …を示せば十分である　It suffices to show that …

- しかしながら　howéver

- さらに　moreóver, fúrthermore, in addítion

- 〜のために（原因・理由）　because of ＋（名詞〔句〕）

- that is, i.e.　「すなわち」．すぐあとに説明を加えるときに用いる．
  i.e. はラテン語の *id est*（イデスト）の略で「アイ・イー」または that
  is と読む．

- in fact　「実際」(= to be more precise)．すぐあとに簡単に根拠，説
  明などを述べる．

- 定義より，仮定より，(n についての）帰納法により　by definition,
  by assumption, by induction (on n)

  何の定義か明確にするときは by the definition of S：S の定義より

- 列挙するとき
  A, B, C および D：A, B, C(,) and D
  A, B, C または D：A, B, C(,) or D

- 逆に　Convérsely,
  例えば $A \Longleftrightarrow B$ を示す場合に，$A \Longrightarrow B$ を示した後で，「逆に」
  $B \Longrightarrow A$ を示すときに用いる．

4.2　英語のルール：that 節

接続詞 that は「〜であること」という意味の名詞節を作る．

1) 主語としての that 節
   ♪ [That the matrix S has an inverse] is clear from the assumption.
   訳：[行列 S が逆行列をもつこと] は仮定から明らかである．

上のように that 節をそのまま主語の位置に置くこともできるが，主語
の位置に仮主語 it をおいて，that 節を後ろにまわすこともできる（it ＝

that 節の内容).

♪ It is certainly not true [that $f(1) \geq f(x)$ for all x in $[0,1]$].

訳： [$[0,1]$ 内のすべての x に対して $f(1) \geq f(x)$ ということ] は明らか
　　に偽である.

2) **目的語としての that 節**

♪ Suppose [that f is the function shown in Fig. 5].

訳： [f が図 5 に示された関数であること] を仮定しよう. → f を図 5
　　の関数としよう.

---

that 節を目的語にとれる動詞・とれない動詞

どれも数学の本でよく使われる重要動詞である. ここにない動詞は辞
書で調べよう.

- that 節を目的語に**とれる**

  mean（意味する）, imply（意味する）, state（述べる）, find（わ
  かる）, see（わかる）, know（知る, わかる）, show（示す）, prove
  （証明する）, verify（証明する）, say（言う）, notice, note（注意す
  る・気づく）, conclude（結論する）, suppose（仮定する）, assume
  （仮定する）, recall（思い出す）, observe（気づく）, ensure（保証
  する）, deduce（導き出す）, 数学用語集 7 も参照

- that 節を目的語に**とれない**

  discuss（議論する）, regard（〜とみなす）, support（支持する）,
  obtain（得る）, have（得る）, yield（〜という結果をだす）

4.3　英語の文章を読むときの一般的注意 3

　第 1 章で述べたように, ちょっと複雑な英語の文に出会ったときは, 主語
と述部を探すことが第 1 歩である. これまでの文章だと動詞を見つけるのに
そう苦労しなかったのではないだろうか.

　しかし, ときにはいくら探しても見つからないことがある！

英語は動詞と名詞が同じ形の語がかなりあるので，名詞だと思い込んでいた語が動詞ということもある．その可能性を頭においてどれが動詞なら文がつながるか考えてみよう（あとで辞書で確認すること）．

例えば，テキスト1の中にも動詞としても名詞としても使える語がある．

start, end, hold, fail, cross

などである．

それでは以下の文章はどうだろう．主語と述部の組をすべて探してみよう．

If f is an arbitrary function, it is not necessarily true that

$$\lim_{x \to a} f(x) = f(a).$$

In fact, there are many ways this can fail to be true. For example, f might not even be defined at a, in which case the equation makes no sense.

Again, $\lim_{x \to a} f(x)$ might not exist. Finally, even if f is defined at a and $\lim_{x \to a} f(x)$ exists, the limit might not equal $f(a)$.

We would like to regard all behavior of this type as abnormal and honor, with some complimentary designation, functions which do not exhibit such peculiarities. The term which has been adopted is "continuous."

[Spivak, p.113] より許可を得て，改変して転載．

ここまで読んできた読者なら，最初の2つのパラグラフはなんとか理解できたのではないだろうか．

$$\lim_{x \to a} f(x) = f(a)$$

が成り立つことは，決して当たり前のことでないということを言っている．might は「（ひょっとしたら）〜かもしれない」という可能性を表し，「もしかしたら極限は存在しないかもしれない」，「もしかしたら極限値があっても $f(a)$ と一致しないかもしれない」など，可能性を列挙している．

さて，最後のパラグラフの述部を無事に見つけられただろうか．

we が主語であろうということは容易にわかる．would like to regard は述部だろう．しかし，

functions which do not exhibit such peculiarities

という名詞節はこの文の中でどのような役割を果たしているだろうか？　もうひとつの主語か，それとも目的語か，補語か？

答えは honor という**動詞**の目的語である．would like to regard と and でつながれた (would like to) honor も述部で，そのような異常なふるまいをしないありがたい関数に対して「連続関数」という特別な呼び名を与えたい，ということである．

> 知っている単語でも，文の意味がわからないときは辞書を引く．特に，
> **名詞と動詞が同じ形の語に注意**．

単語

in which case　その（直前に書いてあること）場合は
équal（他動詞）　〜に等しい
be equal to（形容詞）　〜に等しい
term (C)　（専門）用語（数式の「項」の意味もある）
hónor（他動詞）　〜に（with［光栄なもの］を）与える，(U)　名誉

♣ 名詞と動詞が同型でアクセントが異なる例

incréase（自・他動詞）　増加する，増やす
íncrease　増加
decréase（自・他動詞）　減少する，減らす
décrease　減少

♣ 名詞と動詞が同型でアクセントも同じ例

fáctor（他動詞）　因数分解する
　　　　(C)　要素，因数，約数
squáre（他動詞）　2乗する
　　　　(C)　正方形，2乗

4.4　テキスト 4 : 行列の対角化

これから，少しずつ文章のレベルは上がっていくが，数学的な意味と，文の間の論理的つながりを考えながら，以下のテキストを読んでみよう．ここでも動詞と名詞が同じ形の語がありますよ！

テキストのあとの単語集および章末にまとめてある数学用語集，さらに必要なら線形代数の教科書を参考にしてよい．

1) **Solving an eigenvalue problem**

To solve the eigenvalue problem for an n by n matrix A, follow these steps:

(1) **Compute the determinant of $A - \lambda I$.** With λ subtracted along the diagonal, this determinant starts with λ^n or $-\lambda^n$. It is a polynomial in λ of degree n.

(2) **Find the roots of this polynomial**, by solving $\det(A - \lambda I) = 0$. The n roots are the n eigenvalues of A. They make $A - \lambda I$ singular.

(3) For each eigenvalue λ, **solve $(A - \lambda I)\mathbf{x} = \mathbf{0}$ to find an eigenvector $\mathbf{x}$.**

2) **Diagonalizing a matrix**

When $\mathbf{x}$ is an eigenvector, multiplication by A is just multiplication by a number λ: $A\mathbf{x} = \lambda\mathbf{x}$. All the difficulties of matrices are swept away. Instead of an interconnected system, we can follow the eigenvectors separately. It is like having a *diagonal matrix*, with no off-diagonal interconnections.

The point of this section is very direct. **The matrix A turns into a diagonal matrix Λ when we use the eigenvectors properly.**

Diagonalization

Suppose the n by n matrix A has n linearly independent eigenvectors $\mathbf{x}_1, \ldots, \mathbf{x}_n$. Put them into the columns of an **eigenvector matrix** S. Then $S^{-1}AS$ is the **eigenvalue matrix** Λ:

$$S^{-1}AS = \begin{bmatrix} \lambda_1 & & \\ & \cdots & \\ & & \lambda_n \end{bmatrix}. \tag{4.1}$$

The matrix A is "diagonalized." We use capital lambda for the eigenvalue matrix, because of the small λ's (the eigenvalues) on its diagonal.

3) **Proof**

A multiplies its eigenvectors, which are the columns of S. The first column of AS is $A\mathbf{x}_1$. That is $\lambda_1\mathbf{x}_1$. Each column of S is multiplied by its eigenvalue λ_i:

$$AS = A \begin{bmatrix} \mathbf{x}_1 & \cdots & \mathbf{x}_n \end{bmatrix} = \begin{bmatrix} \lambda_1\mathbf{x}_1 & \cdots & \lambda_n\mathbf{x}_n \end{bmatrix}.$$

The trick is to split this matrix AS into S times Λ:

$$\begin{bmatrix} \lambda_1\mathbf{x}_1 & \cdots & \lambda_n\mathbf{x}_n \end{bmatrix} = \begin{bmatrix} \mathbf{x}_1 & \cdots & \mathbf{x}_n \end{bmatrix} \begin{bmatrix} \lambda_1 & & \\ & \cdots & \\ & & \lambda_n \end{bmatrix} = S\Lambda.$$

Keep those matrices in the right order! Then λ_1 multiplies the first column $\mathbf{x}_1$, as shown. The diagonalization is complete, and we can write $AS = S\Lambda$ in two good ways:

$$AS = S\Lambda \quad \text{is} \quad S^{-1}AS = \Lambda \quad \text{or} \quad A = S\Lambda S^{-1}. \tag{4.2}$$

The matrix S has an inverse, because its columns (the eigenvectors of A) were assumed to be linearly independent. *Without n indepen-dent eigenvectors, we can't diagonalize.*

A and Λ have the same eigenvalues $\lambda_1, \ldots, \lambda_n$. The eigenvectors are different. The job of the original eigenvectors $\mathbf{x}_1, \ldots, \mathbf{x}_n$ was to diagonalize A. Those eigenvectors in S produce $A = S\Lambda S^{-1}$. You will soon see the simplicity and importance and meaning.

4) **Example**

Find the eigenvalues and eigenvectors of A:

$$A = \begin{bmatrix} 2 & -1 \\ -1 & 2 \end{bmatrix}.$$

Solution.

The eigenvalues of A come from $\det(A - \lambda I) = 0$:

$$\det(A - \lambda I) = \begin{vmatrix} 2 - \lambda & -1 \\ -1 & 2 - \lambda \end{vmatrix} = \lambda^2 - 4\lambda + 3 = 0.$$

This factors into $(\lambda - 1)(\lambda - 3) = 0$ so the eigenvalues of A are $\lambda_1 = 1$ and $\lambda_2 = 3$. The eigenvectors come separately by solving $(A - \lambda I)\mathbf{x} = \mathbf{0}$ which is $A\mathbf{x} = \lambda\mathbf{x}$.

$\lambda = 1$:

$$(A - I)\mathbf{x} = \begin{bmatrix} 1 & -1 \\ -1 & 1 \end{bmatrix} \begin{bmatrix} x \\ y \end{bmatrix} = \begin{bmatrix} 0 \\ 0 \end{bmatrix}$$

gives the eigenvector

$$\begin{bmatrix} 1 \\ 1 \end{bmatrix}.$$

$\lambda = 3$:

$$(A - 3I)\mathbf{x} = \begin{bmatrix} -1 & -1 \\ -1 & -1 \end{bmatrix} \begin{bmatrix} x \\ y \end{bmatrix} = \begin{bmatrix} 0 \\ 0 \end{bmatrix}$$

gives the eigenvector

$$\begin{bmatrix} 1 \\ -1 \end{bmatrix}.$$

[Strang, pp.288, 291, 298] より許可を得て，改変して転載.

テキスト 4 の単語

（ここで使われている意味で）C は可算名詞，U は不可算名詞.

suppóse（他動詞）　仮定する

assúme（他動詞）　仮定する

compúte（他動詞）　計算する

subtráct（他動詞）　引く（add　足す，múltiply　かける，divíde　割る）

diágonal (C)　対角線，（形容詞）　対角線の，対角線上の

off-diágonal　対角線上にない

non-diágonalizable　対角化不可能な

síngular　正則でない（逆行列が存在しない）

multiplicátion (U)　積をとること（addítion (U)　和をとること，
　subtráction (U)　差をとること，divísion (U)　割ること）

interconnéct（他動詞）　相互に結びつける

próperly（副詞）　適切に

cápital (C)（形容詞）　大文字（の）

fáctor (C)　因数，約数，（他動詞）　因数分解する (into)

swéep awáy　取り除く，一掃する

ínverse（形容詞）　逆の，(C)　逆数，逆元，（主張の）裏

prodúce（他動詞）　生じさせる，もたらす

4.5　テキスト 4 解説

　このテキストは口語的な文体で書かれていて，通常数学の文章では用いないような省略形 can't, doesn't を使って大学新入生にやさしく語りかける形になっている．自分で文章を書くときは省略形は使わないこと．

1) ♪ To solve the eigenvalue problem for an n by n matrix,

　訳：$n \times n$ 行列の固有値問題を<u>解くために</u>

　　to 不定詞の副詞的用法（目的を表す）.

♪ With λ subtracted along the diagonal,

訳：対角線に沿って（対角成分から）λ が引かれているので

　　with ＋名詞＋補語（形容詞）　〜した状態で，〜なので（状況・理由を表す．第7章参照）.

♪ by solving $\det(A - \lambda I) = 0$

訳：$\det(A - \lambda I) = 0$ を解くことによって

　　solving は「解くこと」を意味する動名詞（名詞扱い，第9章参照）.

- a polynomial in λ of degree n　λ の n 次多項式

固有値問題の解法

　　$n \times n$ 行列の固有値問題を解くには次の手順にしたがえばよい.

(1) $A - \lambda I$ の行列式を計算せよ．対角成分から λ を引いているので，この行列式は λ^n あるいは $-\lambda^n$ から始まる．行列式は λ の n 次多項式である.

(2) この多項式の根を求めよ．すなわち，$\det(A - \lambda I) = 0$ を解け．その n 個の根が A の n 個の固有値である．λ が固有値のとき行列 $A - \lambda I$ は正則ではない.

(3) 各固有値 λ に対して，$(A - \lambda I)\mathbf{x} = \mathbf{0}$ を解いて固有ベクトル $\mathbf{x}$ を求めよ.

2) - the interconnected system　行列の積を成分で表す面倒な式のこと.

- It is like ....　まるで…のようだ.

- with no off-diagonal interconnections　（行列の積の中の）非対角成分の間の絡みがない.

行列の対角化

　　$\mathbf{x}$ が固有ベクトルのとき，それに A をかけることは数 λ をかけるこ

とである. すなわち, $A\mathbf{x} = \lambda\mathbf{x}$. このとき行列計算のわずらわしさは
すべて解消する. 成分を用いた煩雑な計算をする代わりに, 固有ベク
トルごとに計算すればよい. このとき, あたかも**対角行列**を扱うよう
なもので, 非対角成分をかけ合わせる必要はない.

　本節で言いたいことはずばり, **固有ベクトルをうまく使うと行列 A**
が対角行列 Λ になることだ.

対角化

　$n \times n$ 行列 A が n 個の線形独立な固有ベクトル $\mathbf{x}_1, \ldots, \mathbf{x}_n$ をもつと
する. これらを列とする**固有ベクトル行列 S** を作る. すると $S^{-1}AS$
は**固有値行列 Λ**, すなわち

$$S^{-1}AS = \begin{bmatrix} \lambda_1 & & \\ & \cdots & \\ & & \lambda_n \end{bmatrix}. \tag{4.1}$$

となる.

　これで行列 A は「対角化」された. 固有値行列を大文字のラムダで
表したのは対角線上に小文字のラムダ（固有値）があるからだ.

3) ♪ Then λ_1 multiplies the first column $\mathbf{x}_1$, as shown.
　訳：このとき λ_1 は（上に）示されるように第1列 $\mathbf{x}_1$ にかかる.

　　♣ 主語は λ_1, 述部は multiplies.

　　♣ as shown = as (it is) shown
　　　as は従位接続詞（第5章参照）.

　• Without n independent eigenvectors = If A does not have n inde-
　　pendent eigenvectors
　　　ここで without で始まる前置詞句は仮定を表している.

証明

　A を固有ベクトルにかける．固有ベクトルは S の列である．AS の第 1 列は $A\mathbf{x}_1$ である．これは $\lambda_1\mathbf{x}_1$ にほかならない．S の各列には対応する固有値 λ_i がかかり，

$$AS = A \begin{bmatrix} \mathbf{x}_1 & \cdots & \mathbf{x}_n \end{bmatrix} = \begin{bmatrix} \lambda_1\mathbf{x}_1 & \cdots & \lambda_n\mathbf{x}_n \end{bmatrix}$$

となる．

　コツはこの行列 AS を S と Λ の積に分けて次のように表すことである．

$$\begin{bmatrix} \lambda_1\mathbf{x}_1 & \cdots & \lambda_n\mathbf{x}_n \end{bmatrix} = \begin{bmatrix} \mathbf{x}_1 & \cdots & \mathbf{x}_n \end{bmatrix} \begin{bmatrix} \lambda_1 & & \\ & \cdots & \\ & & \lambda_n \end{bmatrix} = S\Lambda.$$

　このとき行列の積の順序が重要である！　正しい順番でかけ算すれば上に示すように λ_1 が第 1 列 $\mathbf{x}_1$ にかかる．これで対角化は完了である．$AS = S\Lambda$ は次のような 2 通りの式変形をすると使いやすい．

$$AS = S\Lambda \quad \text{より} \quad S^{-1}AS = \Lambda \quad \text{または} \quad A = S\Lambda S^{-1}. \tag{4.2}$$

行列 S は逆行列をもつ．この行列の列（A の固有ベクトル）は線形独立と仮定したからである．n 個の線形独立な固有ベクトルがなければ，**対角化はできない**．

　A と Λ は同じ固有値 $\lambda_1,\ldots,\lambda_n$ をもつが，固有ベクトルは異なる．もとの行列の固有ベクトル $\mathbf{x}_1,\ldots,\mathbf{x}_n$ の役割は A を対角化することであった．S を構成する固有ベクトルのおかげで $A = S\Lambda S^{-1}$ となる．すぐあとでこの表式の簡潔さ，重要性，意義がわかるだろう．

♣ A の n 乗の計算は演習問題参照．

4) ♪ This factors into $(\lambda - 1)(\lambda - 3) = 0$ so the eigenvalues of A are $\lambda_1 = 1$ and $\lambda_2 = 3$.

訳：これは $(\lambda - 1)(\lambda - 3) = 0$ と因数分解できるので，A の固有値は $\lambda_1 = 1$ と $\lambda_2 = 3$ である．

so は「よって」という意味の副詞で，2 つの文をつないでいる．（本当は，so の前にコンマが入る方が読みやすい．）

例

次の行列 A の固有値と固有ベクトルを求めよ．

$$A = \begin{bmatrix} 2 & -1 \\ -1 & 2 \end{bmatrix}.$$

解

A の固有値は $\det(A - \lambda I) = 0$ より求まる．

$$\det(A - \lambda I) = \begin{vmatrix} 2 - \lambda & -1 \\ -1 & 2 - \lambda \end{vmatrix} = \lambda^2 - 4\lambda + 3 = 0.$$

因数分解すると $(\lambda - 1)(\lambda - 3) = 0$ となるので，A の固有値は $\lambda_1 = 1$ および $\lambda_2 = 3$ である．対応する固有ベクトルは $(A - \lambda I)\mathbf{x} = \mathbf{0}$ すなわち $A\mathbf{x} = \lambda\mathbf{x}$ をそれぞれ解けばよい．

$\lambda = 1$ の場合

$$(A - I)\mathbf{x} = \begin{bmatrix} 1 & -1 \\ -1 & 1 \end{bmatrix} \begin{bmatrix} x \\ y \end{bmatrix} = \begin{bmatrix} 0 \\ 0 \end{bmatrix}$$

より固有ベクトル

$$\begin{bmatrix} 1 \\ 1 \end{bmatrix}$$

を得る．

$\lambda = 3$ の場合

$$(A - 3I)\mathbf{x} = \begin{bmatrix} -1 & -1 \\ -1 & -1 \end{bmatrix} \begin{bmatrix} x \\ y \end{bmatrix} = \begin{bmatrix} 0 \\ 0 \end{bmatrix}$$

より固有ベクトル

$$\begin{bmatrix} 1 \\ -1 \end{bmatrix}$$

を得る.

4.6　演習問題・数学用語集 4（行列）

1. 次の問いに答えよ. 英語の練習として, 途中の説明をなるべく詳しく書くこと. テキストの例題を参考にしてよい. ただし, 数学の問題なので, 解法は楽な方法でよい. 答案なので can't などの省略形は使わないこと.

Find the eigenvalues and eigenvectors of A, A^2, A^{-1} and $A + 4I$, respectively, when

$$A = \begin{bmatrix} 0 & 2 \\ 1 & 1 \end{bmatrix}.$$

Also find A^5.

ヒント：まず, A の固有ベクトルは A^2 の固有ベクトルでもあることを示すとよい. $A^n = (S\Lambda S^{-1})(S\Lambda S^{-1})\cdots(S\Lambda S^{-1}) = S\Lambda^n S^{-1}$.

2. 英訳せよ（テキストを参考にしてよい）. 著者の論理の流れに沿って同じ内容が伝わればよいので逐語訳する必要はない.

　複素数 $\alpha_1,\ldots,\alpha_n$ に対して, 対角成分が $\alpha_1, \alpha_2,\ldots,\alpha_n$ であるような n 次対角行列を $\mathrm{diag}(\alpha_1, \alpha_2,\ldots,\alpha_n)$ で表す. たとえば,

$$\mathrm{diag}(3, i, -2) = \begin{bmatrix} 3 & 0 & 0 \\ 0 & i & 0 \\ 0 & 0 & -2 \end{bmatrix}$$

である.

　与えられた正方行列 A に対して, 正則行列 P で, $P^{-1}AP$ が対角行列になるものが存在するとき, A は対角化可能である, という. 対角化可能な行列の例はすぐに思いつくが（たとえば対角行列！）, 対角化不可能な例を 1 つ挙げよう.

例

$$A = \begin{bmatrix} 0 & 1 \\ 0 & 0 \end{bmatrix}$$

とする．もし，A が対角化可能であると仮定すると，正則行列 P で $B = P^{-1}AP$ が対角行列となるものが存在する．A の固有多項式は x^2 なので，定理 16.2 より，B の固有多項式も x^2 に等しい．よって，B の固有値はゼロのみであり，$B = O$ となるが，$A = PBP^{-1} = O$ となり矛盾を生ずるので，A は対角化不可能であることが分かる．

[KT, p.104] より許可を得て，改変して転載．

(参考) 定理 16.2　P が正則行列，$B = P^{-1}AP$ のとき，$\varphi_A(x) = \varphi_B(x)$．ここで，$\varphi_A(x), \varphi_B(x)$ はそれぞれ A, B の固有多項式．

数学用語集 4（行列）

mátrix（複数形：mátrices）(C)　行列
　únit matrix/idéntity matrix　単位行列：the 2 by 2 identity matrix
row (C)　行
cólumn (C)　列
compónent/élement (C)　成分
detérminant (C)　行列式
rank (C)　階数
véctor (C)　ベクトル
vector space (C)　ベクトル空間
éigenvalue (C)　固有値
éigenvector (C)　固有ベクトル
characterístic polynómial (C)　固有多項式（特性多項式）
diágonalize（他動詞）　対角化する
diagonalízable　対角化可能な
diagonalizátion (U)　対角化
línear　線形の，1 次の
linear equátion (C)　1 次方程式／ linear transformátion (C)　線形変換／
　linear álgebra (U)　線形代数
línearly indepéndent　線形独立な（1 次独立な）
básis (C)　基底
span（他動詞）　張る
diménsion (C)　次元

squáre matrix　正方行列

diágonal matrix　対角行列

invértible matrix/régular matrix　正則行列

ínverse matrix　逆行列

síngular matrix　非正則行列

symmétric matrix　対称行列

orthógonal matrix　直交行列

Hermítian matrix［ハーミシャン メイトリクス］　エルミート行列

únitary matrix　ユニタリ行列

Jacóbian matrix［ジャコビアン メイトリクス］　ヤコビ行列

transpósed matrix　転置行列

ínner próduct/scalar product (C)　内積

óuter product/vector product (C)　外積（ベクトル積）

コラム：文は 2 次元から 1 次元への射影

Tom saw a girl with a telescope.

には 2 つの解釈がある.

- トムは望遠鏡で女の子を見た.
- トムは望遠鏡をもつ女の子を見た.

どちらであるかは文脈で判断するしかない. このあいまいさ (ambiguity) は言語が元来もちうるものであり,

「文は平面内の木 (tree)—これが本来の文の姿—の 1 次元空間への射影である」

ことに由来する.

「文が木である」とは，意味の上で関係の深い要素（語または語のかたまり）が次のページの図のように 2 つずつ合わさって木を形成することである（木とは「離散数学」で学ぶ閉路をもたない連結グラフである）.

木と文の意味は 1 対 1 に対応しているが（木を見ると with a telescope が何を修飾するかが明らかである），射影の過程で 2 次元構造の

情報が失われ，1 対 1 ではなくなる．

　ヒトは音を 1 次元的な列としてしか発音できない（1 次元の文字列として読むことしかできない）のでこのようなあいまいさが起こりうる．

S は Sentence（文）の意味．

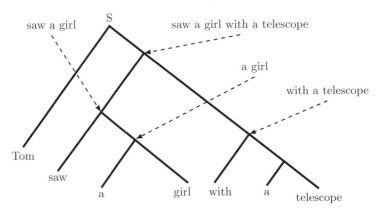

図 **4.1**　Tom [[saw a girl] [with a telescope]].

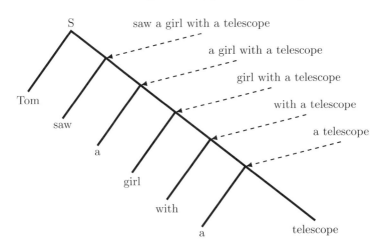

図 **4.2**　Tom saw [a girl with a telescope].

第 5 章

文および節のつなぎ方

Conjunctions and adverbs

5.1 文と文，節と節をつなぐ

(1) 接続詞を用いる

接続詞は 2 つの節（主語と述部を備えたもの）をつなぐ．以下節を A, B などであらわす．A, B は式であってもよい．

(1a) 従位接続詞 (subordinate conjunction)

since, because, if, though, although, when, while, as など

> **形式**
>
> [ ] A (,) B.　または　B (,) [ ] A.

[ ] の中に接続詞が入る．

B を**主節**，接続詞の付いた A を**従属節**と言う．従属節は主節を補う役割をもつ．文法的には従属節は主節の前でも後ろでもよいができるだけ論理の流れに自然な位置におく．

♪ <u>Since</u> f is continuous on $[a, b]$, it takes on its maximum and minimum values on that interval.

訳：f は $[a, b]$ で連続なので，その区間上で最大値と最小値をとる．

♪ <u>Since</u> $|a_n| \le b_n$ and $\sum b_n$ converges, $\sum a_n$ converges.

訳：$|a_n| \le b_n$ が成り立ち，かつ $\sum b_n$ は収束するので，$\sum a_n$ は収束する．

♪ This function f does satisfy the conclusion of Theorem 2, <u>even though</u> f is not continuous on $[0,1]$.

訳：この関数 f は $[0,1]$ 上連続でないにもかかわらず，f に対して定理 2 の結論が成り立つ．

♪ A function f is said to be *continuous* at a <u>if</u> $\lim_{x \to a} f(x) = f(a)$.

訳：関数 f が a で連続であるとは，$\lim_{x \to a} f(x) = f(a)$ が成り立つことである（※ if を用いて用語の定義をしている）.

♪ The function $f(x) = \sin 1/x$ is not continuous at 0, <u>because</u> it is not even defined at 0.

訳：関数 $f(x) = \sin 1/x$ は 0 で連続でない．そもそも 0 で定義されていないのだから．

♣ 文を数式または記号で始めるのは避ける．そのために上では <u>The function</u> $f(x) = \sin 1/x$ とした．

♪ <u>Although</u> no proofs are given in these letters, Fermat states the results as theorems.（テキスト 10）

訳：フェルマーは，これらの書簡の中で証明を与えていないにもかかわらず，自分の結果を定理として述べている．

♣ 4.2 節で扱った **that** も従位接続詞である．（that は「…であること」という名詞句を作る.）

♪ This theorem means <u>that</u> the graph of f lies below some line parallel to the horizontal axis.（テキスト 1）

訳：この定理は，f のグラフは x 軸に平行なある直線の下方にあることを意味する．

(1b) 等位接続詞 (coordinate conjunction)

and, but, for, or

> **形式**
>
> A(,) and B.　A, for B.　A(,) but B.　A(,) or B.

A と B は文法上対等な関係.

♪ The function f is continuous at every point of $[0,2]$ except $\sqrt{2}$, and $f(0) < 0 < f(2)$, but there is no point x in $[0,2]$ such that $f(x) = 0$. (テキスト 1)

訳：関数 f は $[0,2]$ に属する $\sqrt{2}$ 以外のすべての点で連続, かつ $f(0) < 0 < f(2)$ であるが, $[0,2]$ 内に $f(x) = 0$ をみたす点 x は存在しない.

♪ This example shows that the closed interval $[a,b]$ cannot be replaced by the open interval (a,b), for the function f is continuous on $(0,1)$, but not bounded there. (テキスト 2)

訳：この例は閉区間 $[a,b]$ は開区間 (a,b) では置き換えられないことを示している. 関数 f は $(0,1)$ で連続だがそこで有界ではないからである.

(2) 副詞を用いる

then, therefore, hence, thus, so, consequently, however (4.1 節の 6) も参照.）

副詞は 2 つの<u>節</u>を結べない（so は例外的に, and のように 2 つの文をつなぐことができる）.

♪ If f is continuous on $[a,b]$, then f is bounded on this interval.
訳：f が $[a,b]$ 上で連続ならば, f はこの区間で有界である.

ここで 2 つの節である f is continuous on $[a,b]$ と f is bounded on this interval を結んでひとつの文にしているのは接続詞の if であって, then は副詞である.

♪ Let $f(x) = x^2$. Then f is continuous on $[0,2]$.
訳：$f(x) = x^2$ とする. このとき f は $[0,2]$ 上で連続である.

2 つの文のつながりを then が示している．

♪ Suppose that f is the function $f(x) = 1/x$. Then f is continuous on $(0, 1]$.

訳：f を関数 $f(x) = 1/x$ とする．このとき，f は $(0, 1]$ 上で連続である．

　「Suppose (that) .... Then〜」は「…とする．このとき，〜」の意味でよく使われる．

♪ In this case, A equals the interior of U, and therefore A is open.

訳：この場合 A は U の内部であり，したがって A は開集合である．

　つないでいるのは接続詞 and である．

♪ Thus we use the following substitution.（テキスト 3）

訳：つまり次のような置き換えを行う．

♪ This factors into $(\lambda - 1)(\lambda - 3) = 0$, so the eigenvalues of A are $\lambda_1 = 1$ and $\lambda_2 = 3$.（テキスト 4）

訳：これは $(\lambda - 1)(\lambda - 3) = 0$ と因数分解できるので，A の固有値は $\lambda_1 = 1$ と $\lambda_2 = 3$ である．

　このように，so は接続詞のように使える．テキスト 4 では so の前にコンマはなかったが，ある方がわかりやすい．

♪ Absolute convergence is therefore a stronger property than ordinary convergence.（テキスト 5）

訳：ゆえに，絶対収束は普通の収束より強い性質である．

♪ However, if we change the signs of all the negative terms, the series becomes（式）.（テキスト 5）

訳：しかし，すべての負の項の符号を変えるならば級数は（式）となる．

(3)　セミコロン，コロン

セミコロン「;」

1) 2 つの文を and, but, for などでつなぐ代わりにセミコロンが用いられることがある（p.14 参照）.

2) 文をつなぐ意味をもつ副詞（節）（then, however, otherwise, therefore, that is, in fact, for example など）とともに用いる．2 文に分けるより繋がりが強い感じ（pp.28, 94 参照）.

コロン「:」

♪ We can do even better than this: if c and d are in $[a, b]$, then f takes on any value between $f(c)$ and $f(d)$.（テキスト 2 の続き）

訳：それだけではない．c と d が $[a, b]$ に属する点ならば，f は $f(c)$ と $f(d)$ の間のすべての値をとるのである.

　ここではコロンのあとで直前の We can do even better than this の説明をしている．ほかに as follows（以下のとおり）や the following（以下のこと）のあとに具体的な内容を列挙するときにコロンを用いる（例えばテキスト 9 の Definition G.1.1 参照）.

　このほかに，2 つの節を結ぶものとして，関係代名詞，関係副詞，such that, so that などがある（第 3 章参照）.

5.2　テキスト 5：無限級数

　文や節の間のつながりに注意して読む（理由，支持，対照，説明，比較，帰結など）.

1) We begin with two simple examples:

$$\sum_{n=1}^{\infty} (-1)^{n+1} \frac{1}{n} = 1 - \frac{1}{2} + \frac{1}{3} - \frac{1}{4} + \cdots \tag{5.1}$$

and

$$\sum_{n=1}^{\infty}(-1)^{n+1}\frac{1}{n^2} = 1 - \frac{1}{2^2} + \frac{1}{3^2} - \frac{1}{4^2} + \cdots. \tag{5.2}$$

2) By the alternating series test, each is convergent as it stands. **However**, if we change the signs of all the negative terms — **that is**, if we replace each term by its absolute value — **then** the series become

$$\sum_{n=1}^{\infty}\frac{1}{n} = 1 + \frac{1}{2} + \frac{1}{3} + \frac{1}{4} + \cdots \tag{5.3}$$

and

$$\sum_{n=1}^{\infty}\frac{1}{n^2} = 1 + \frac{1}{2^2} + \frac{1}{3^2} + \frac{1}{4^2} + \cdots; \tag{5.4}$$

and the first of these altered series now diverges, **while** the second still converges.

3) A series $\sum a_n$ is said to be *absolutely convergent* if $\sum |a_n|$ converges. **Thus**, (5.2) is absolutely convergent **but** (5.1) is not. The careful reader will notice that this definition in itself says nothing about the convergence of $\sum a_n$. **However**, we proved in the last section that absolute convergence does indeed imply ordinary convergence.

　　The series (5.1) shows that the converse of this theorem is false, **that is**, convergence does not imply absolute convergence. Absolute convergence is **therefore** a stronger property than ordinary convergence.

[Simmons, p.825] より許可を得て，改変して転載.

テキスト5の単語

数学用語集 5 も参照.
howéver　けれども（前に述べたことと対照させて）
that is　すなわち（言い換えて説明する）
then　すると
term (C)　項
while　その一方で（対照）

thus 「だから」でも間違いではないけれど，この場合「例えば」と訳しても
よい (according to this, for example [Webster]).

thérefore この理由で

as it stands そのままで

replace A by B A を B で置き換える

in itself それ自体，実際は

fálse 偽の

参考：交代級数の収束判定法

正項数列 $\{a_n\}$ が単調減少で 0 に収束するならば，無限級数

$$a_1 - a_2 + a_3 - a_4 + \cdots + (-1)^{n-1} a_n + \cdots$$

は収束する．

5.3　テキスト 5 解説・数学用語集 5（数列・級数）

1) We begin with 〜　まず〜から始める．

2 つの簡単な例から始めよう．

$$\sum_{n=1}^{\infty} (-1)^{n+1} \frac{1}{n} = 1 - \frac{1}{2} + \frac{1}{3} - \frac{1}{4} + \cdots . \tag{5.1}$$

$$\sum_{n=1}^{\infty} (-1)^{n+1} \frac{1}{n^2} = 1 - \frac{1}{2^2} + \frac{1}{3^2} - \frac{1}{4^2} + \cdots . \tag{5.2}$$

2) ♪ By the alternating series test, each is convergent as it stands.

訳：交代級数の判定法によると，どちらもこのままで収束する．

「このままで」とはどういうことだろう？　すぐ次を見ると，However
で始めて，細工を施すと片方は収束しなくなる，と話が続く．

♪ if we change the signs of all the negative terms

訳：負の項の符号をすべて変えると

that is のあとで，上のことを言い換えて，

♪ that is, if we replace each term by its absolute value

訳：すなわち各項をその絶対値で置き換えると

series は単数複数同形であることに注意．(5.4) の直後の and は as a result [Webster] の意味．

置き換えた結果，発散する級数と収束する級数ができる．while でこの 2 つの場合を対比している．

交代級数の判定法より，それぞれこのままで収束する．しかし，負の項の符号をすべて変えると，つまり各項をその絶対値で置き換えると，これらの数列は

$$\sum_{n=1}^{\infty} \frac{1}{n} = 1 + \frac{1}{2} + \frac{1}{3} + \frac{1}{4} + \cdots \tag{5.3}$$

$$\sum_{n=1}^{\infty} \frac{1}{n^2} = 1 + \frac{1}{2^2} + \frac{1}{3^2} + \frac{1}{4^2} + \cdots \tag{5.4}$$

となり，その結果最初の数列は発散するようになるが，2 番目は相変わらず収束する．

3) • A series $\sum a_n$ is said to be *absolutely convergent* if $\sum |a_n|$ converges.

この文は absolutely convergent (「絶対収束する」という意味の形容詞句) という用語の定義をしている (5.1 節参照).

• Thus の後で今定義した用語を使ってみる．そして，単に「収束する」ことと，「絶対収束する」ことの関係を見ている．

• the converse of this theorem   この定理の逆

級数 $\sum a_n$ が絶対収束するとは，$\sum |a_n|$ が収束することである．そうすると (5.2) は絶対収束するが，(5.1) はそうでない．注意深い読者ならお気づきであろうが，この定義自体は $\sum a_n$ の収束性については何も述べていない．しかし前節で，絶対収束するならば普通の意味で

も収束することを証明した.

　級数 (5.1) は，この定理の逆が成り立たないことを示す例である．すなわち，収束しても絶対収束するとは限らない．だから，絶対収束は普通の収束より強い概念である.

数学用語集 5 （数列・級数）

C は可算名詞，U は不可算名詞

séquence (C)　（数）列／sequence of númbers　数列／sequence of fúnctions　関数列／incréasing sequence　増加列／decréasing sequence　減少列／non-incréasing sequence　非増加列 (等号も許すことをはっきりさせたい場合)

séries (C)　級数（複数形も series）／álternating series　交代級数

convérge（自動詞）　収束する

convérgence (U)　収束／absolúte convérgence　絶対収束

convérgent（形容詞）　収束する

divérge（自動詞）　発散する

divérgent（形容詞）　発散する

the cónverse of a théorem　定理の逆

absolúte válue (C)　絶対値

コラム：筆記体 (Cursive Writing) で書いてみよう

大文字

小文字

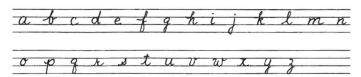

a b c d e f g h i j k l m n

o p q r s t u v w x y z

気をつけること

ball factor b は下にはみ出ないが，f は下に伸びる

compact a は下まで下りてから次の文字につながるが，o は下りずにつながる

unit vector u は下まで下りてから次の文字につながるが，v, w は下りない

In this case 大文字 I は下から書き始め，左のはねた部分から次の文字につながる

The real numbers form a field.

Happy Birthday !

Let A be a set. 数式，記号はブロック体

第 6 章

数学で使われる表現2

Useful expressions 2

6.1 定義する・名づける

1. define（定義する）

♪ Let f be a continuous function <u>defined</u> on $[0, \infty)$.

訳：f を $[0, \infty)$ 上で定義された連続関数とする．（記号 f の定義）

define B to be/as A

B（記号・用語）を A（定義の内容：名詞）と定義する

♪ We <u>define</u> a_N <u>to be</u> the number of N–step walks on $\mathbb{Z}^2$ starting at the origin.（記号 a_N の定義）

訳：a_N を $\mathbb{Z}^2$ 上の原点を出発点とする N 歩のウォークの数と定義する．

♪ The δ–*neighbourhood* of a set A is <u>defined to be</u> the set of points within distance δ of A.（δ–近傍の概念の定義）

訳：集合 A の δ–近傍は，A から距離 δ 以内にある点の集合として定義される．

♪ We <u>define</u> the diameter $|A|$ of a non-empty subset A of $\mathbb{R}^n$ <u>as</u> the greatest distance between any pair of points in A.

訳：$\mathbb{R}^n$ の空でない部分集合 A の直径 $|A|$ を，A に属する2点の最大距離と定義する．（集合 A の直後の概念と，その記号 $|A|$ の定義）

define B by A

B（記号・用語）を A（定義の内容・式）と定義する

♪ The closed ball of centre x and radius r, $B(x,r)$ say, is <u>defined by</u> $B(x,r) = \{y : |y - x| \leq r\}$.

訳：中心 x, 半径 r の閉球 $B(x,r)$ を $B(x,r) = \{y : |y - x| \leq r\}$ と定義する.

　　say　　例えば，かりに

♣ centre は center の英国流つづりである.

♪ Define the function sgn by setting

$$
\mathrm{sgn}(x) = \begin{cases} 1, & x > 0, \\ 0, & x = 0, \\ -1, & x < 0. \end{cases}
$$

訳：関数 sgn を…と定義する.

Define（式）

♪ We define $a_n = \displaystyle\sum_{k=1}^{n} b_k$.

訳：$a_n = \displaystyle\sum_{k=1}^{n} b_k$ と定義する.

2. denote（〜と表す，記す）：記号の定義

A denotes B

A は B を表す

B is denoted by A

B は A と表される

　　denote の場合 B は特定のものである（the がつく）[Krantz].

♪ $[a,b)$ denotes the half-open interval $\{x : a \leq x < b\}$.（テキスト 6）

訳：$[a,b)$ は半開区間 $\{x : a \leq x < b\}$ を表す.

♪ The integers are denoted by $\mathbb{Z}$.（テキスト 6）

訳：整数全体の集合は $\mathbb{Z}$ で表される.

　　（the が整数全体であることを示している.）

Let A denote B（denote は動詞原形）

A で B を表そう

♪ Let a_N <u>denote</u> the number of N–step walks on $\mathbb{Z}^2$ starting at the origin.

訳：a_N で $\mathbb{Z}^2$ 上の原点出発の N 歩のウォークの数を表す（→…N 歩のウォークの数を a_N とする）.

♪ Let $\mathrm{Res}(f, a)$ <u>denote</u> the residue of the function $f(z)$ at a.

訳：関数（※既出）$f(z)$ の a における留数を $\mathrm{Res}(f, a)$ と表す.

♣ ［リーダース英和］には，記号 A が主語の場合，すなわち A denotes B の形（またはその受動形）しか載っていないが，数学の文献では we が主語，または命令文の

　　We denote B by A. / Denote B by A.

のような用例もときどき見かける.［Krantz］はこうした用法は「誤り」と断言しているが，時代による変化か，数学での内輪の用法か，上のような用例も問題ないとする英語母語話者もいる.次に 2 つ例を挙げるが，英語を母語としない私たちは，自分では使わない方がよいだろう.

♪ Denote the number of elements of a set E by $\sharp E$.

訳：集合 E の要素の数を $\sharp E$ と記す.

♪ We <u>denote</u> <u>by</u> N the number of distinct equivalence classes of X.

訳：X の相異なる同値類の数を N と表す.

♣ 「denote B by A」の例として挙げたが，B の部分が長い場合は by A が先に来ることもある.

3. write（書く，記す）：記号の定義

write A for B

B を A（記号）と書く（記号の定義）

♪ We <u>write</u> $[a, b]$ <u>for</u> the closed interval $\{x : a \le x \le b\}$.

訳：$[a, b]$ と書いたら，閉区間 $\{x : a \le x \le b\}$ のことである.

write B as A

B を A（記号）と書く（記号の定義）

♪ The empty set is <u>written as</u> ∅.

訳：空集合は ∅ と書かれる．→空集合を ∅ と書く．

4. refer to … as, call, term

refer to A as B

A を B とよぶ

♪ These are all examples of sets that are commonly <u>referred to as</u> fractals. [Falconer]

訳：これらはすべて一般にフラクタルとよばれる集合の例である．

call/term A B

A を B とよぶ（動詞のあとに名詞［句］が2つ続くが，A が**目的語**「〜を」，B が**補語**「〜と」である．）

♪ These are all examples of sets that are commonly <u>called</u> fractals.

訳：これらはすべて一般にフラクタルとよばれる集合の例である．

♪ The set $\mathbb{R}^n \setminus A$ is <u>termed</u> the complement of A.（テキスト 6）

訳：集合 $\mathbb{R}^n \setminus A$ は A の補集合とよばれる．

♪ We <u>call</u> x and y the real part and the imaginary part of $x + iy$, respectively. [Falconer2]

訳：x と y をそれぞれ $x + iy$ の実部および虚部と言う．

♣ respectively（直前にコンマ）を入れると最初のものどうし，2番目のものどうし，… と対応する（3個以上の場合も使える）．

♣ refer to … as 〜 は「…を〜とよぶ」という意味だが，refer to 〜 は「〜に言及する」．

5. let

Let（式）

♪ Let $f(x) = x^2 - 1$.

Let A be B （be は動詞原形）

A を B としよう

♪ Let $\{X_i\}$ be a sequence of independent identically distributed random variables.

訳：$\{X_i\}$ を独立同分布の確率変数列とする.

Let A denote B　本節 2 項参照.

例文中の単語

diámeter (C)　直径

non-émpty（形容詞）　（集合が）空でない

dístance (C)　距離

say　（挿入的に）例えば，かりに

half-open interval (C)　半開区間（$(a, b]$, $[a, b)$ の形のもの）

equívalence class (C)　同値類

résidue (C)　留数

fráctal (C)　フラクタル，自己相似図形

distínct（形容詞）　相異なる

respéctively　それぞれ

indepéndent idéntically distríbuted　独立同分布の

rándom váriable (C)　確率変数

6.2　テキスト 6：数学用語（その 1）

　テキスト 1–5 はアメリカの教科書から引用したものだった. テキスト 6–8 の著者 Falconer は英国人なので，高校で習ったのと異なるつづりの語がある. ヨーロッパでは英国流のつづりが使われることが多いので，どちらの英語も読めるようにしておこう（2 通りのつづりについては章末のコラム参照）. 以下第 8 章まで例文のつづりも英国流とする.

1.1 Basic set theory

In this section, we recall some basic notions from set theory and point set topology.

1) We generally work in *n-dimensional Euclidean space*, $\mathbb{R}^n$, where $\mathbb{R}^1 = \mathbb{R}$ is just the set of real numbers or the 'real line', and $\mathbb{R}^2$ is the (Euclidean) plane. Points in $\mathbb{R}^n$ will generally be denoted by lower case letters x, y, and so on, and we will occasionally use the coordinate form $x = (x_1, \ldots, x_n)$, $y = (y_1, \ldots, y_n)$. Addition and scalar multiplication are defined in the usual manner, so that $x + y = (x_1 + y_1, \ldots, x_n + y_n)$ and $\lambda x = (\lambda x_1, \ldots, \lambda x_n)$, where λ is a real scalar. We use the usual *Euclidean distance* or *metric* on $\mathbb{R}^n$ so if x, y are points of $\mathbb{R}^n$, the distance between them is $|x - y| = (\sum_{i=1}^{n} |x_i - y_i|^2)^{1/2}$. In particular, the triangle inequality $|x + y| \leq |x| + |y|$, the reverse triangle inequality $||x| - |y|| \leq |x - y|$, and the metric triangle inequality $|x - y| \leq |x - z| + |z - y|$ hold for all $x, y, z \in \mathbb{R}^n$.

2) Sets, which will generally be subsets of $\mathbb{R}^n$, are denoted by capital letters E, F, U, and so on. In the usual way, $x \in E$ means that the point x belongs to the set E, and $E \subset F$ means that E is a subset of the set F. We write $\{x : \text{condition}\}$ for the set of x for which 'condition' is true. Certain frequently occurring sets have a special notation. The empty set, which contains no elements, is written as $\varnothing$. The integers are denoted by $\mathbb{Z}$, and the rational numbers by $\mathbb{Q}$. We use a superscript $^+$ to denote the positive elements of a set; thus $\mathbb{R}^+$ are the positive real numbers, and $\mathbb{Z}^+$ are the positive integers. Sometimes we refer to the complex numbers $\mathbb{C}$, which for many purposes may be identified with the plane $\mathbb{R}^2$, with $x_1 + ix_2$ corresponding to the point (x_1, x_2).

3) The *closed ball* of centre x and radius r is defined by $B(x,r) = \{y : |y - x| \leq r\}$. Similarly, the *open ball* is $B^o(x,r) = \{y : |y - x| < r\}$. Thus, the closed ball contains its bounding sphere, but the open ball does not. Of course, in $\mathbb{R}^2$, a ball is a disc and in $\mathbb{R}^1$ a ball is just an interval. If $a < b$, we write $[a,b]$ for the *closed interval* $\{x : a \leq x \leq b\}$ and (a,b) for the *open interval* $\{x : a < x < b\}$. Similarly, $[a,b)$ denotes the half-open interval $\{x : a \leq x < b\}$, and so on.

4) From time to time we refer to the δ–*neighbourhood* or δ–*parallel body*, A_δ, of a set A, that is, the set of points within distance δ of A; thus, $A_\delta = \{x : |x - y| \leq \delta \text{ for some } y \text{ in } A\}$.

We write $A \cup B$ for the *union* of the sets A and B, that is, the set of points belonging to either A or B, or both. Similarly, we write $A \cap B$ for their *intersection*, the points in both A and B. More generally, $\bigcup_\alpha A_\alpha$ denotes the union of an arbitrary collection of sets $\{A_\alpha\}$, that is, those points in at least one of the sets A_α, and $\bigcap_\alpha A_\alpha$ denotes their intersection, consisting of the set of points common to all of the A_α. A collection of sets is *disjoint* if the intersection of any pair is the empty set. The *difference* $A \setminus B$ of A and B consists of the points in A but not B. The set $\mathbb{R}^n \setminus A$ is termed the *complement* of A.

5) The set of all ordered pairs $\{(a,b) : a \in A \text{ and } b \in B\}$ is called the (*Cartesian*) *product* of A and B and is denoted by $A \times B$. If $A \subset \mathbb{R}^n$ and $B \subset \mathbb{R}^m$, then $A \times B \subset \mathbb{R}^{n+m}$.

If A and B are subsets of $\mathbb{R}^n$ and λ is a real number, we define the *vector sum* of the sets as $A + B = \{x + y : x \in A \text{ and } y \in B\}$ and we define the *scalar multiple* as $\lambda A = \{\lambda x : x \in A\}$.

6) An infinite set A is *countable* if its elements can be listed in the form

$x_1, x_2, \ldots$ with every element of A appearing at a specific place in the list; otherwise, the set is *uncountable*. The sets $\mathbb{Z}$ and $\mathbb{Q}$ are countable but $\mathbb{R}$ is uncountable. Note that a countable union of countable sets is countable.

[Falconer, pp.3–5] より許可を得て，改変して転載.

テキスト6の単語

（章末の数学用語集6も参照せよ.）

lówer case letter (C)　小文字
úpper case letter (C)　大文字
and so on　〜など
diámeter (C)　直径
rádius（複数形：rádii) (C)　半径
disc (C)　円板
réal line (C)　数直線
coórdinate form (C)　座標表示
súperscript (C)　上付き添字
súbscript (C)　下付き添字
the Euclídean dístance/the Euclidean métric (C)　ユークリッド距離
the tríangle inequálity (C)　三角不等式
cápital letter (C)　大文字
occúr（自動詞）　現れる
refér to　〜に言及する（→〜を用いる）
idéntify A with B　A を B と同一視する
correspónd to　〜に対応する
a colléction of sets　集合族（集合の集合）
from time to time　ときどき
cómmon（形容詞）　共通の（to　〜のあいだで）
ótherwise　そうでなければ，それ以外の場合は

♣「不可算」と「非可算」

　英語の名詞が数えられるかどうかのときは可算，不可算，数学で，集合の要素が自然数と1：1対応できるかどうかは可算，非可算と言う.
　英語ではどちらも countable, uncountable である.

6.3　テキスト6解説

1.1　集合論の基礎

本節では集合論および点集合の位相の基本概念の復習をする.

1)　♪　$\mathbb{R}$ is <u>the</u> set of real numbers.

the は一通りに決まるものにつくから the set of real numbers は実数全体の集合を表す.

B is a set of real numbers. ならば B の要素は実数ということで,$B \subset \mathbb{R}$ (集合は特定されない).

♪　Addition and scalar multiplication are defined in the usual manner, so that $x + y = (x_1 + y_1, \ldots, x_n + y_n)$ and ...

訳：和とスカラー倍は普通に定義する. すなわち $x + y = (x_1 + y_1, \ldots, x_n + y_n) \ldots$

so that の前にコンマがあるので,so that = and therefore「だから」の意味（ここでは「すなわち」と訳せる）である.

（前にコンマのない so that は in order that, for the purpose of：〜するために／するように）

「普通に」というと読者も知っていることなので <u>the</u> usual manner.

♪　We use the usual *Euclidean distance* or *metric* on $\mathbb{R}^n$.

この or は「または」ではなくて同じものを言い換えている. 日本語では単に「$\mathbb{R}^n$ 上のユークリッド距離」でよい.

テキストでは3種類の三角不等式を別の名前でよんでいるが,日本語では通常どれも「三角不等式」とよんでいる.

本書で扱う空間はほとんどの場合 **n 次元ユークリッド空間** $\mathbb{R}^n$ である. $\mathbb{R}^1 = \mathbb{R}$ は実数の集合すなわち「数直線」であり,$\mathbb{R}^2$ は（ユークリッド）平面である. $\mathbb{R}^n$ 内の点は普通 x, y などのように小文字で表

し，ときには座標表示 $x = (x_1, \ldots, x_n)$, $y = (y_1, \ldots, y_n)$ も用いる．和とスカラー倍は普通に $x + y = (x_1 + y_1, \ldots, x_n + y_n)$，および λ を実数のスカラーとして $\lambda x = (\lambda x_1, \ldots, \lambda x_n)$ で定義する．$\mathbb{R}^n$ には**ユークリッド距離**を入れる．すなわち x, y を $\mathbb{R}^n$ の点とするとき，その間の距離は $|x - y| = (\sum_{i=1}^n |x_i - y_i|^2)^{1/2}$ である．特に，$\mathbb{R}^n$ 内のすべての x, y, z に対して，三角不等式 $|x + y| \leq |x| + |y|$，逆三角不等式 $||x| - |y|| \leq |x - y|$，および距離三角不等式 $|x - y| \leq |x - z| + |z - y|$ が成り立つ．

2)　♪　We write $\{x : \text{condition}\}$ for the set of x for which 'condition' is true.

　　訳：「条件」が真である x の集合を $\{x : 条件\}$ のように書く．

　　（※これは普通用いる集合の表し方である．例えば，$\{x : 0 \leq x < 2\}$.）

　　分解すると，

　　　　We write $\{x : \text{condition}\}$ for the set of x.

　　および

　　　　'condition' is true for x.

　　これらを関係代名詞 which でつないだものが上の文．for x → for which.

　♪　Certain frequently occurring sets

　　訳：ある種のよく現れる集合

　　現在分詞 frequently occurring が sets を修飾している（現在分詞は第7章参照）．

　♪　The integers are denoted by $\mathbb{Z}$ and the rational numbers by $\mathbb{Q}$.

　　同じ述部 (are denoted) が続くので，2番目は省略されている（実際，省略する方が読みやすい）．

♪ the complex numbers $\mathbb{C}$ may be identified with the plane $\mathbb{R}^2$, with $x_1 + ix_2$ corresponding to the point (x_1, x_2).

訳：複素数全体の集合 $\mathbb{C}$ は平面 $\mathbb{R}^2$ と同一視できる．このとき，$x_1 + ix_2$ は点 (x_1, x_2) に対応する（※ 2 つ目の with の使い方は第 7 章参照）．

♣ 学術書のように堅い書き言葉では may は can とほぼ同じように一般的な可能性を表すこともある．［ジーニアス英和］

ここで考える集合は，ほとんどの場合 $\mathbb{R}^n$ の部分集合であり，E, F, U などのように大文字で表す．いつものように $x \in E$ は x が集合 E に属することを意味し，$E \subset F$ は E が F の部分集合であることを意味する．$\{x : 条件\}$ は「条件」が真であるような x の集合を表す．よく現れる集合には特別な記号が用意されている．要素をひとつも含まない集合である空集合は $\varnothing$ と表す．整数全体の集合は $\mathbb{Z}$，有理数全体の集合は $\mathbb{Q}$ で表す．上つき添字 $+$ は集合の正の要素を表す．すなわち，$\mathbb{R}^+$ は正の実数全体，$\mathbb{Z}^+$ は正の整数全体である．ときには複素数 $\mathbb{C}$ も用いるが，多くの場合 $x_1 + ix_2$ を点 (x_1, x_2) に対応させて平面 $\mathbb{R}^2$ と同一視できる．

3) ♪ a closed ball of centre x
訳：中心 x の閉球（たくさんあるうちのひとつ）

♪ a closed ball of radius r
訳：半径 r の閉球

♪ the closed ball of centre O and radius 1
訳：中心 O，半径 1 の閉球（中心と半径を決めると一通りに決まる）

このような表現では centre, radius は無冠詞．ここではそのまま覚えておこう．

♪ its bounding sphere　訳：（球の）境界となる球面

現在分詞は「〜する」，過去分詞は「〜された」の意味．

♣ centre（英），center（米）に注意.

> 中心 x 半径 r の**閉球**を $B(x,r) = \{y : |y - x| \leq r\}$ と定義する．同様に**開球**は $B^o(x,r) = \{y : |y - x| < r\}$ である．このように，閉球は境界の球面を含み，開球は含まない．$\mathbb{R}^2$ における球とはもちろん円板であり，$\mathbb{R}^1$ の球は単に区間である．$a < b$ とするとき $[a,b]$ は**閉区間** $\{x : a \leq x \leq b\}$ を表し，(a,b) は**開区間** $\{x : a < x < b\}$ を表す．同様に $[a,b)$ は半開区間 $\{x : a \leq x < b\}$ を表す．

4) ♪ an arbitrary collection of sets $\{A_\alpha\}$

訳：任意の集合族 $\{A_\alpha\}$（※集合の個数は有限個でも可算無限個でも非可算無限個でもよいということ）

> ときには，集合 A の **δ–近傍**（δ–平行体とも言う）A_δ を用いる．A から距離が δ 以内の点の集合 $A_\delta = \{x : |x - y| \leq \delta$ となる $y \in A$ が存在する $\}$ のことである.
>
> $A \cup B$ は集合 A, B の**和集合**，すなわち A または B（両方でもよい）に属する点の集合を表す．同様に $A \cap B$ は集合 A, B の**共通部分**，すなわち A と B の両方に属する点の集合を表す．さらに，任意の集合族 $\{A_\alpha\}$ に対し，$\bigcup_\alpha A_\alpha$ はその和集合，すなわち少なくともひとつの A_α に含まれる点の集合を表し，$\bigcap_\alpha A_\alpha$ は共通部分，すなわちすべての A_α に共通に含まれる点の集合を表す．集合の族が**互いに素である**とは，この族のどの 2 つの集合の共通部分も空集合であることを意味する．A と B の**差集合** $A \setminus B$ とは，A に属するが B には属さない点の集合である．集合 $\mathbb{R}^n \setminus A$ を A の**補集合**と言う.

5) 順序対 (ordered pair) とは対（ペア）であって，(a,b) と (b,a) を区別するものである.

> 順序対全体の集合 $\{(a,b) : a \in A,\ b \in B\}$ を A と B の**直積**とよび，$A \times B$ と表す．$A \subset \mathbb{R}^n$ かつ $B \subset \mathbb{R}^m$ ならば，$A \times B \subset \mathbb{R}^{n+m}$ である．
>
> A, B を $\mathbb{R}^n$ の部分集合，λ を実数とするとき，集合の**ベクトル和**を

> $A + B = \{x + y : x \in A,\ y \in B\}$, **スカラー倍**を $\lambda A = \{\lambda x : x \in A\}$
> で定義する.

6) ♪ its elements can be listed in the form $x_1, x_2, \ldots$ with every element
　　of A appearing at a specific place in the list;

　　訳：その要素が $x_1, x_2, \ldots$ のように一列に並べられて，A のどの要素も
　　　　この列のある決まった場所に現れる（このような with の使い方は第
　　　　7 章参照）.

> 　無限集合 A が**可算**であるとは，その要素を $x_1, x_2, \ldots$ のように一列
> に並べることができ，かつ A のどの要素もこの列のある決まった場所
> に現れるようにできることである．そうでないとき，その集合は**非可**
> **算**であると言う．$\mathbb{Z}, \mathbb{Q}$ は可算集合だが，$\mathbb{R}$ は非可算集合である．可算
> 個の可算集合の和集合は可算集合であることに注意.

6.4　演習問題・数学用語集 6（集合・位相・数）

1. 次の数学用語に対応する英語を書き，その意味を本文に則して日本語で
　書こう.

　（例）

　(0) 和集合 (union)
　　　集合 A または B に含まれる点の集合を A と B の和集合と言い $A \cup B$
　　　と記す.

　(1) 空集合

　(2) 閉球

　(3) 開球

　(4) 集合の δ 近傍

(5) 和集合

(6) 共通部分

(7) （$\mathbb{R}^n$ の部分集合の）補集合

(8) 差集合

(9) 可算集合

(10) 非可算集合

2. 英語で表せ．本文を参考にしてよい．

(1) C を原点を中心とし半径 1 の円とする．

(2) 集合 A の **δ–近傍**を A から距離 δ 以内にある点全体の集合と定義する．

(3) 集合 A, B に対してその和集合を $A \cup B$ と表す．

(4) （上の続きとして）A と B の両方に含まれる点の集合を $A \cap B$ と記す．

(5) （上の続きとして）集合 $\mathbb{R}^n \setminus A$ を A の**補集合**とよぶ．

(6) 空集合を $\varnothing$ と書く．

数学用語集 6（集合・位相・数）

set (C)　集合
émpty set　空集合／non-émpty set　空でない集合
súbset (C)　部分集合
élement/mémber (C)　（集合の）要素，元
cómplement (C)　補集合
ópen set　開集合
clósed set　閉集合
clósure (C)　閉包
intérior (C)　（集合の）内部
bóundary (C)　境界

únion (C)　和集合

interséction (C)　共通部分

interséct（他動詞）　～と交わる

dífference (C)　差集合

disjóint　互いに素な，交わりをもたない

contáin（他動詞）～を含む

belóng to　～に属す

consíst of　～からなる，によって構成される

fínite set　有限集合（要素が有限個）

ínfinite set　無限集合（要素が無限個）

cóuntable set　可算集合

uncóuntable set　非可算集合

cómpact set　コンパクト集合

dénse　稠密（ちゅうみつ）な

néighbourhood（英），néighborhood（米）(C)　近傍

ínteger (C)　整数

ńatural number (C)　自然数

réal number (C)　実数

rátional number (C)　有理数

irrátional number (C)　無理数

compléx (cómplex) number (C)　複素数

topólogy (C)　位相

topológical space (C)　位相空間

cardináity (C)　（集合の）濃度

コラム：米語と英語の違い

　テキスト 6–8 の著者 Falconer は英国人（ケンブリッジ大学で教育を受け，現在スコットランドのセント・アンドリュース大学教授）である．読者の多くは高校でアメリカ英語を習ったのではないだろうか．ここで英米のつづりの違いをいくつか見てみよう．

左が米，右が英　（発音は英米同じ）

- or ↔ our 型
    neighbor, neighbour
    neighborhood, neighbourhood
    behavior, behaviour
    color, colour

- er ↔ re 型
    center, centre
    theater, theatre
    meter, metre［ミータ］　　メートル

- ize ↔ ise/zation ↔ sation 型
    generalize, generalise
    generalization, generalisation

- その他（発音は同じ）
    jail, gaol　刑務所
    curb, kerb　歩道の縁石
    program, programme　　プログラム
    gray, grey　灰色（の）

- 異なる単語を用いる例
    apartment, flat　アパート
    fall, autumn　秋
    elevator, lift　エレベーター
    gas, petrol　ガソリン
    line, queue　列
    potato chips, crisps　ポテトチップス

第7章

現在分詞・過去分詞およびwithを用いた表現

Participles

7.1 英語のルール：現在分詞と過去分詞の形容詞的用法

現在分詞　動詞 + ing

過去分詞　動詞 + ed（不規則動詞はこの限りではない）

1. 現在分詞の形容詞的用法（〜している）

完全に形容詞化したもの，前置詞句，目的語などを伴わないものは名詞の前におかれる.

an interesting result　興味ある結果, the following examples:　以下の例

♪ Certain frequently occurring sets have a special notation.（テキスト 6）

訳：頻出の集合には特別な記法がある.

　　（関係代名詞を使うと：Certain sets that frequently occur have a special notation.）

♪ In what follows, u will be a positive right eigenvector of M corresponding to λ.

訳：この先 u は行列 M の固有値 λ に対応する（各成分が）正の右固有ベクトルとする.

♪ Let B be a real number satisfying $0 < B < 1$. [MS]

訳：B は $0 < B < 1$ をみたす実数とする.

　　（= Let B be a real number that satisfies $0 < B < 1$.）

♪ Consider a random walk starting at O.

訳：（原点）O 出発のランダム・ウォークを考えよう．

　　（= Consider a random walk that starts at O.）

♣ notation は普通はひとつひとつの記号ではなく「使われる記号の体系」を
　 意味するが，ここでは著者はひとつの「記号」の意味で用いている．

2. 過去分詞の形容詞的用法（〜された）

♪ an open set <u>contained</u> in A

訳：A に含まれる開集合（= an open set that is contained in A）

♪ a ball <u>centred</u> at x

訳：x を中心とする球

♪ a function <u>defined</u> on $[0,1]$

訳：$[0,1]$ 上で定義された関数

7.2　with＋名詞＋補語（形容詞［句］，分詞，前置詞＋名詞句など）

1. 付帯状況を表す「〜した状態で／の」

代表的な例文

　♪ Don't speak <u>with your mouth full</u>.［ジーニアス英和］
　訳：口を食べ物でいっぱいにしたまま話すな．

♪ An infinite set A is countable if its elements can be listed in the form x_1, $x_2, \ldots$ <u>with every element of A</u> <u>appearing at a specific place in the list</u>. （テキスト 6）

訳：無限集合 A が可算であるとは，その要素が $x_1, x_2, \ldots$ の形に一列に並べられて，A のどの要素もその列のある決まった場所（その列のどこか）に現れることである．

　（補語は形容詞的用法の現在分詞 appearing ⋯ in the list.）

♪ any collection of open sets which covers A (i.e. <u>with union containing A</u>) (テキスト 7)

訳：A をおおう（すなわち，和集合が A を含む）開集合の任意の族

(with union containing A = whose union contains A)

♪ balls of radii at most δ <u>with centres in F</u> [Falconer]

訳：半径（※ radii は radius の複数形）が δ 以下で（δ 以下の様々な半径の）F 内に中心をもつ（複数の）球

(whose centres lie in F と言ってもよい.)

♪ the circle <u>with centre the origin and radius 1.</u>

訳：原点中心半径 1 の円.

2. 状況的理由 (副詞的用法)

♪ <u>With λ subtracted along the diagonal</u>, this determinant starts with λ^n or $-\lambda^n$. (テキスト 4)

訳：対角成分から λ が引かれているので，行列式は λ^n または $-\lambda^n$ の項から始まる.

Since λ is subtracted along the diagonal と言い換えられる.

3. such that/satisfying の代わりになる with の使い方.

♪ a pair $y, z \in B$ <u>with $|z - y| < 1/2$</u>

訳：$|z - y| < 1/2$ をみたす B の要素の組 y, z

♪ an interval of length δ <u>with $3^{-k-1} \leq \delta < 3^k$</u>

訳：$3^{-k-1} \leq \delta < 3^k$ の範囲の長さ δ をもつ区間

♪ for all complex z <u>with $|z| < R$</u>

訳：$|z| < R$ をみたすすべての複素数 z に対して

7.3　量の表し方

- **of ＋無冠詞単数名詞＋値** (of + noun without an article + quantity)

  ♪ a ball of centre x

  訳：中心 x の球

  ♪ a ball of radius r

  訳：半径 r の球

  ♪ a cube of side (length) L

  訳：一辺 L の立方体

  ♪ the circle of radius 1 centred at the origin

  訳：半径 1 の原点を中心とする円（※一通りに決まるので定冠詞）

  ♪ a polynomial of degree 5

  訳：5 次の多項式

  次の例も数値は入っていないが同種の表現である.

  ♪ a polynomial of odd degree

  訳：奇数次の多項式

- **have ＋量を表す無冠詞単数名詞＋値** (have + noun without an article + quantity)

  ♪ The matrix has rank 2.

  訳：その行列は階数 2 である.

  ♪ The power series has radius of convergence 1.

  訳：そのべき級数の収束半径は 1 である.

  ♪ The circle has diameter R.

  訳：その円は直径 R である.

  ♣ 比較

  ♪ The diameter of the circle is R.

訳：その円の直径は R である（※直径に焦点をあてる場合）.

次の例も同種の表現である.

♪ A set A is *bounded* if it has finite diameter.（テキスト 7）

訳：集合 A が有界であるとは，直径が有限なことである.

- **in ＋量を表す無冠詞単数名詞**

  ♪ Among the eigenvalues of the matrix M, -3 is the largest in absolute value.

  訳：行列 M の固有値のうちで -3 が絶対値最大である.

7.4　テキスト 7：数学用語（その 2）

1) If A is any non-empty set of real numbers, then its *supremum* sup A is the least number m such that $x \leq m$ for every x in A or is ∞ if no such number exists. Similarly, the *infimum* inf A is the greatest number m such that $m \leq x$ for all x in A or is $-\infty$. Intuitively, the supremum and infimum are thought of as the maximum and minimum of the set, although it is important to realize that sup A and inf A need not be members of the set A itself. For example, $\sup(0,1) = 1$, but $1 \notin (0,1)$. We write $\sup_{x \in B}(\ )$ for the supremum of the quantity in brackets, which may depend on x, as x ranges over the set B.

2) We define the *diameter* $|A|$ of a non-empty subset of $\mathbb{R}^n$ as the greatest distance apart of pairs of points in A. Thus, $|A| = \sup\{|x - y| : x, y \in A\}$. In $\mathbb{R}^n$, a ball of radius r has diameter $2r$, and a cube of side length δ has diameter $\delta\sqrt{n}$. A set A is *bounded* if it has finite diameter or, equivalently, if A is contained in some (sufficiently large) ball.

3) Convergence of sequences is defined in the usual way. A sequence $\{x_k\}$ in $\mathbb{R}^n$ *converges* to a point x of $\mathbb{R}^n$ as $k \to \infty$ if, given $\varepsilon > 0$,

there exists a number K such that $|x_k - x| < \varepsilon$ whenever $k > K$, that is, if $|x_k - x|$ converges to 0. The number x is called the *limit* of the sequence, and we write $x_k \to x$ or $\lim_{k \to \infty} x_k = x$.

4) The ideas of 'open' and 'closed' that have been mentioned in connection with balls apply to much more general sets. Intuitively, a set is closed if it contains its boundary and open if it contains none of its boundary points. More precisely, a subset A of $\mathbb{R}^n$ is *open* if, for all points x in A, there is some ball $B(x, r)$, centred at x and of positive radius that is contained in A. A set A is *closed* if whenever $\{x_k\}$ is a sequence of points of A converging to a point x of $\mathbb{R}^n$, then x is in A. The empty set $\varnothing$ and $\mathbb{R}^n$ are regarded as both open and closed.

5) It may be shown that a set is open if and only if its complement is closed. The union of any collection of open sets is open, as is the intersection of any finite number of open sets. The intersection of any collection of closed sets is closed, as is the union of any finite number of closed sets.

6) A set A is called a *neighbourhood* of a point x if there is some (small) ball $B(x, r)$ centred at x and contained in A.

   The intersection of all the closed sets containing a set A is called the *closure* of A, written $\overline{A}$. The union of all the open sets contained in A is the *interior* int A of A. The closure of A is thought of as the smallest closed set containing A, and the interior as the largest open set contained in A. The *boundary* ∂A of A is given by $\partial A = \overline{A} \setminus \text{int } A$, thus $x \in \partial A$ if and only if the ball $B(x, r)$ intersects both A and its complement for all $r > 0$.

7) A set B is *dense* in A if $A \subset \overline{B}$, that is, if there are points of B arbitrarily close to each point of A.

A set A is *compact* if any collection of open sets which covers A (i.e. with union containing A) has a finite subcollection which also covers A. Technically, compactness is an extremely useful property that enables infinite sets of conditions to be reduced to finitely many. However, as far as most of this book is concerned, it is enough to take the definition of a compact subset of $\mathbb{R}^n$ as one that is both closed and bounded.

8) The intersection of any collection of compact sets is compact. It may be shown that if $A_1 \supset A_2 \supset \cdots$ is a decreasing sequence of compact sets, then the intersection $\bigcap_{i=1}^{\infty} A_i$ is non-empty. Moreover, if $\bigcap_{i=1}^{\infty} A_i$ is contained in V for some open set V, then the finite intersection $\bigcap_{i=1}^{k} A_i$ is contained in V for some k.

[Falconer, pp.5–6] より許可を得て改変して転載.

テキスト 7 の単語

suprémum (C)　上限

infímum（米）, ínfimum（英）(C)　下限

intuítively　直観的に

be thought of as　〜とみなされる

réalize（他動詞）　〜をはっきり理解する

quántity (C)　量

depénd on　〜による, 依存する

ránge over　〜をくまなく動く

cúbe (C)　立方体（一般の n 次元立方体の意味にも用いる）

side length　一辺の長さ

equívalently　同値な言いかえをすれば

regárd A as B　A を B とみなす

applý（自動詞）　あてはまる（to 〜に）

cóver（他動詞）　覆う

enáble（他動詞）　（〜に…することを）可能にさせる

redúce（他動詞）　還元する（to 〜に）

fínitely many　有限個の

ínfinitely many　無限個の

as far as ... is concérned　…に関する限り

depéndent on（形容詞）　〜に依存した
indepéndent of（形容詞）　〜に依存しない，〜と独立な

7.5 テキスト 7 解説

テキストを読むときに各文の主節（文の中心となる節で，関係節，that 節，such that，if などで始まる節以外）の主語と述部を探しながら読む．

1)–6) の各文の主節の主語と述部を和訳の前に挙げた．

(A) 用語を定義する文例いろいろ

A set A is called a *neighbourhood* of a point x if there is some (small) ball $B(x, r)$ centred at x and contained in A.（※ x の近傍は無数にあって一通りに決まらないので a *neighbourhood*）

A collection of sets is *disjoint* if the intersection of any pair of sets within the collection is the empty set.

The *supremum* sup A is the least number m such that $x \leq m$ for every x in A or is ∞ if no such number exists.

後半は「そのような数が存在しなければ（sup A は）∞ とする」．

We define the *diameter* $|A|$ of a non-empty subset of $\mathbb{R}^n$ as the greatest distance apart of pairs of points in A.

この文では集合の「直径」という概念と記号 $|A|$ をまとめて定義しているが，本当は以下のように書く方が読者に親切であろう．

We define the *diameter* of a non-empty subset A of $\mathbb{R}^n$ as the greatest distance apart of pairs of points in A, and write it as $|A|$.

(B) ちょっと複雑な定義文を見てみよう．

　♪ More precisely, a subset A of $\mathbb{R}^n$ is open if, for all points x in A, there is some ball $B(x, r)$, centred at x and of positive radius that is contained in A.

訳：より厳密に言うと，$\mathbb{R}^n$ の部分集合 A が開集合であるとは，A のすべての点 x に対して，x を中心とする半径が正の球 $B(x,r)$ で A に含まれるものが存在することである．

この訳を見た上で，文の構造を解析してみよう．More precisely を除くと，「節 A if 節 B」の形である．節 A の部分（主節）は

　　a subset A of $\mathbb{R}^n$ is open

で意味は明らかなので，if で始まる従属節 B を解析する．

if 節の主語は there, 動詞は is で，存在文である．

if 節に「, for all points x in A,」が割り込んでいるので，x ごとに何かが存在することを主張している．この割り込み部分をを取り除いてみる．

　　there is some ball $B(x,r)$ centred at x and of positive radius that
　　is contained in A.

「ある球 $B(x,r)$」を修飾する「centred at x and of positive radius」を取り除いてみると

　　there is some ball $B(x,r)$ that is contained in A.

ここまでくるとあと少し．that は関係代名詞の**制限的用法**で some ball $B(x,r)$ が先行詞なので，

　　「A に含まれる球 $B(x,r)$ が存在する」

取り除いたものを逆順に戻していく．

centred at x and of positive radius を戻すと，

　　「A に含まれる中心 x で半径が正の球 $B(x,r)$ が存在する」

さらに，「, for all points x in A,」を入れると，

「A のすべての点 x に対して，A に含まれる中心 x で半径が正の球 $B(x, r)$ が存在する」

(C) 同値

♪ A if and only if B.（ここで A と B は主語と述部をもつ節とする）

訳：A と B は同値である．A は B の必要十分条件である．

♪ A set is open if and only if its complement is closed.

訳：集合が開集合であることは，その補集合が閉集合であることと同値である．

♣ if and only if を iff と略して書くこともある（この記号は Halmos の発明と言われる）.

(D) ちょっとわかりにくい文に注目する.

♪ The union of any collection of open sets is open, as is the intersection of any finite number of open sets.

訳：開集合の任意の族（※高々可算個でも非可算無限個でもよいという意味）の和集合は開集合であり，任意の有限個の開集合の共通部分も開集合である．

文の後半の as は「〜のように，〜と同様に」の意味の接続詞である．ここで言いたいことは，

the intersection of any finite number of open sets is open

で主語は the intersection of any finite number of open sets であるが，ここでは補語の open が前半と同じなので省略されて，倒置が起こっている.

倒置が起きる場合【ちょっと高度】

♪ His newest movie was banned in Japan, as were his other movies.

訳：彼のほかの映画と同様に，彼の最新作も日本で上映禁止と

なった.

従位接続詞 as から始まる節が主語と助動詞または be 動詞のみか
らなる場合，倒置が起こる．［参考：ジーニアス英和］

(E) ♪ A set B is dense in A if $A \subset \overline{B}$, that is, if there are points of B
arbitrarily close to each point of A.

訳：集合 B が A において稠密であるとは $A \subset \overline{B}$ であること，すなわち
A の各点にいくらでも近い B の点が存在することである．

arbitrarily close to each point of A が後ろから points of B を修飾し
ている．

arbitrarily は arbitrary（任意の）を副詞にしたもので「任意に」，こ
の場合は「いくらでも」．

that is も i.e. も「すなわち」．

(F) ♪ Technically, compactness is an extremely useful property that en-
ables infinite sets of conditions to be reduced to finitely many.

訳：証明の際に，コンパクト性は，無限個の条件の集まりを有限個に減
らすことができるきわめて有用な性質である．

関係詞節（関係代名詞 that に続く）を見よう．

関係代名詞の先行詞は an extremely useful property,「enable A to
不定詞」は「A が〜することを可能にする」．A = infinite sets of con-
ditions, to 不定詞 = to be reduced to finitely many (conditions).

(G) or

「言い換えると」の意味

the *Euclidean distance* or *metric*（テキスト 6）

「または」の意味

We write $x_k \to x$ or $\lim_{k\to\infty} x_k = x$. (テキスト7)

A function is called an *injection* or a *one-to-one* function (テキスト8)

(H) 冠詞の省略

the supremum and infimum

誤解のおそれがないときは，冠詞の反復をしなくてもよい［安藤］．

1) 主節の主語と述部：supremum, is ／ infimum, is ／ supremum and infinum, are thought of ／ We, write

> A を空でない実数の集合とするとき，その**上限** $\sup A$ を $x \le m$ がすべての $x \in A$ に対して成り立つような数 m の最小数とする．そのような数が存在しないときは上限は ∞ とする．同様に，**下限** $\inf A$ を $m \le x$ がすべての $x \in A$ に対して成り立つような数 m の最大数とする．そのような数が存在しないときは下限は $-\infty$ とする．直感的には，上限と下限は最大値と最小値のようなものと思ってよいが，重要な違いは $\sup A$ と $\inf A$ は必ずしも A に属していなくてよいことである．例えば，$\sup(0,1) = 1$ であるが $1 \notin (0,1)$ である．$\sup_{x\in B}(\quad)$ は x が集合 B 全体を動くときのかっこの中の量（x に依存しうる）の上限を表す．

2) 主節の主語と述部：We, define ／（and でつながれた文）ball, has; cube, has ／ set, is

> $\mathbb{R}^n$ の空でない部分集合 A の**直径** $|A|$ を，A 内の点の組の間の距離のうちいちばん大きいものと定義する．正確には，$|A| = \sup\{|x-y| : x, y \in A\}$ である．$\mathbb{R}^n$ 内の半径 r の球の直径は $2r$ であり，一辺の長さが δ の（n 次元）立方体の直径は $\delta\sqrt{n}$ である．集合 A が**有界**であるとは，直径が有限であることであり，A がある（十分大きな）球に含まれることと同値である．

3) 主節の主語と述部：Convergence, is defined ／ sequence, converges ／ number, is called; we, write

> 　点列の収束の定義も通常通りである．$\mathbb{R}^n$ 内の点列 $\{x_k\}$ が $k \to \infty$ のとき $\mathbb{R}^n$ の点 x に**収束する**とは次のことである．$\varepsilon > 0$ が与えられたとき，ある数 K が存在して $k > K$ となるすべての k に対して $|x_k - x| < \varepsilon$ をみたす．つまり $|x_k - x|$ が 0 に収束することである．x をこの点列の**極限**とよび，$x_k \to x$ あるいは $\lim_{k \to \infty} x_k = x$ と書く．

4) 主節の主語と述部：ideas, apply ／ set, is（and の直後にあるべき is が省略されている）／ subset, is ／ set, is ／ The empty set and $\mathbb{R}^n$, are regarded

> 　先に球を例にとって説明した開集合，閉集合の概念は一般の集合に対しても通用する．直感的には，境界を含んでいれば閉集合であり，境界の点をひとつも含まなければ開集合である．厳密には，$\mathbb{R}^n$ の部分集合 A が**開集合**であるとは，A のどの点 x に対しても，中心が x で半径が正である球 $B(x, r)$ で A に含まれるものが存在することである．A が**閉集合**であるとは，A 内の点列 $\{x_k\}$ が $\mathbb{R}^n$ の点 x に収束するとき，x も A に属することである．空集合 $\varnothing$ と $\mathbb{R}^n$ は開集合でありかつ閉集合であるとみなす．

5) 主節の主語と述部：It, may be shown ／ union, is ／ intersection, is

> 　集合が開集合であることと，その補集合が閉集合であることは同値であることが示せる．開集合の任意の族の和集合は開集合であり，有限個の開集合の共通部分も開集合である．閉集合の任意の族の共通部分は閉集合であり，有限個の閉集合の和集合も閉集合である．

6) 主節の主語と述部：set, is called ／ intersection, is called ／ union, is ／（and でつながれて後半の述部が略された文）closure, is thought of; interior, (is thought of) ／ boundary, is given

> 　集合 A が点 x の**近傍**であるとは，x を中心とするある（小さい）球 $B(x, r)$ で A に含まれるものが存在することである．
> 　集合 A を含む閉集合すべての共通部分を A の**閉包**と言い，$\overline{A}$ と表

す．A に含まれる開集合すべての和集合を A の**内部**と言い，$\operatorname{int} A$ と表す．A の閉包は A を含む最小の閉集合，A の内部は A に含まれる最大の開集合と考えられる．A の**境界** ∂A は $\partial A = \overline{A} \setminus \operatorname{int} A$ のことであり，$x \in \partial A$ は，すべての $r > 0$ に対して $B(x, r)$ が A とその補集合の両方と交わることと同値である．

7) set, is ／ set, is ／ compactness, is ／ it, is

　　集合 B が A において**稠密**であるとは，$A \subset \overline{B}$ が成り立つことであり，言い換えると，A の各点のいくらでも近くに B の点があることである．

　　集合 A が**コンパクト**であるとは，A を覆う（和集合が A を含む）任意の開集合の族から，有限個の開集合を選んで A を覆えることである．証明に用いる際に，コンパクト性はきわめて有用な性質である．無限個の条件を有限個に還元できるからである．ただ，本書の範囲では，$\mathbb{R}^n$ のコンパクト部分集合を有界な閉部分集合と定義してよい．

8) intersection, is ／ It, may be shown ／ intersection, is contained

　　コンパクト集合の任意の族の共通部分はコンパクトである．$A_1 \supset A_2 \supset \cdots$ が（※空でない）コンパクト集合の減少列ならば，共通部分 $\bigcap_{i=1}^{\infty} A_i$ は空集合でないことが示せる．さらに，$\bigcap_{i=1}^{\infty} A_i$ がなんらかの開集合 V に含まれるならば，ある k に対して有限個の共通部分 $\bigcap_{i=1}^{k} A_i$ が V に含まれる．

7.6　演習問題・数学用語集 7（動詞）

1. 次の数学用語に対応する英語を書き，その意味を本文に則して日本語で書こう．

　（例）

　(0)　（集合の）閉包 (closure)

　　集合 A の**閉包** $\overline{A}$ とは，A を含むすべての閉集合の共通部分，つま

り A を含む最小の閉集合のことである.

(1)（集合の）内部

(2)（集合の）境界

(3) コンパクト集合

(4)（実数の集合の）上限

(5)（実数の集合の）下限

2. 英語で表せ. 本文を参考にしてよい.

(1) 集合が開集合であることとその補集合が閉集合であることは同値である.

(2) 1 辺の長さ L の正方形を $S(L)$ とする.

(3) 半径 r の球の直径は $2r$ である.

(4) 閉集合はその境界を含む.

(5) $\{x_n\}$ を点 x に収束する点列としよう.

(6) 集合 A の**内部**を，A に含まれるすべての開集合の和集合と定義する.

(7) 集合 A を含むすべての閉集合の共通部分を A の**閉包**と言う.

(8) 任意の集合の族 $\{A_\alpha\}$ に対して，$\bigcap_\alpha A_\alpha$ はすべての A_α に共通に含まれる点全体の集合のことである.

数学用語集 7（動詞）

(that) とあるのは，（数学の文献で）that 節も目的語としてとりうる他動詞.

mean (that)   意味する
implý (that)   意味する
státe (that)   述べる
find (that)   わかる

see (that) わかる

know (that) 知る，わかる

show (that) 示す

próve (that) 証明する

vérify(that) 証明する，正しいことを確かめる

nótice, nóte (that) 注意する・気づく

conclúde (that) 結論する

suppóse (that) 仮定する

assúme (that) 仮定する

recáll (that) 思い出す

obsérve (that) 気づく

dedúce (that) 導きだす

discúss（他動詞） 論じる，考察する

consíder（他動詞） 〜とみなす，〜を考える

regárd ... as 〜 …を〜とみなす

suppórt（他動詞） 支持する

obtáin（他動詞） 得る

have（他動詞） 得る

yield（他動詞） （〜という）結果をだす

lead to （〜という結果へ）導く

hold（自動詞） 成り立つ

sátisfy（他動詞） みたす

fóllow（自動詞） 結果として〜になる

íllustrate（他動詞） 説明する

descríbe（他動詞） 述べる

belóng to 〜に属する，含まれる

contáin（他動詞） 含む

consíst of 〜からなる

démonstrate（他動詞） 証明する

cónstitute（他動詞） 構成する

estáblish（他動詞） 確立する，確証する

第 8 章

数学で使われる表現3

8.1 程度・量に関する表現

1. at most と at least

at most：多くとも〜，高々，（〜以下），

at least：少なくとも〜，（〜以上）

♪ balls of radii <u>at most</u> δ with centres in F [Falconer]

訳：半径 δ 以下で F 内に中心をもつ（複数の）球

♪ There are <u>at most</u> three possibilities.

訳：多くても 3 つの可能性しかない．

♪ The function has radius of convergence <u>at least</u> 1.

訳：その関数の収束半径は 1 以上である．（※「have ＋ 量を表す無冠詞単数名詞 ＋ 値」は第 7 章参照）

♪ The number of solutions is <u>at least</u> 3.

訳：解は少なくとも 3 個ある（主語が number だから動詞は単数）．

2. 数の比較

真に大きい・小さいと言いたいときは **greater than**, **less than**（strictly がついても意味は同じ）.

♪ Let N be an integer <u>greater than</u> 2.

訳：N を 2 より（真に）大きい整数としよう．

♪ The function $P(z)$ is analytic in some disc $|z| < R$ with R <u>strictly greater than</u> 1.

訳：関数 $P(z)$ は半径 R が 1 より真に大きい円板 $|z| < R$ 内で解析的である．

♪ C is a circle centred at the origin with radius <u>less than</u> 1.

訳：C は原点を中心とする半径が 1 より小さい円である．

♪ Since the last term is <u>less than</u> R, ...

訳：最後の項は R より小なので，…

3. 以上，以下

日本語で簡潔に表せる「以上」，「以下」は英語では **greater than or equal to, less than or equal to**：または **not less than, not greater than**.

greater than だけでは真に大きいことになるので，等号も入れて「以上」の意味にするには greater than or equal to とする必要がある．

♪ Let $\lfloor a \rfloor$ be the greatest integer [<u>less than or equal to</u> / <u>not exceeding</u>] a.

訳：a 以下の（a を超えない）最大の整数を $\lfloor a \rfloor$ とする．

♪ The power series has radius of convergence <u>greater than or equal to</u> R. [MS]

訳：そのべき級数は R 以上の収束半径をもつ．

4. 等しい

等しいときは **be equal to**（形容詞），または **equal**（他動詞）．

♪ [Three multiplied by two / three times two] <u>is equal to</u> six.

訳：3 かける 2 は 6 である．

♪ The right-hand side <u>equals</u> 0.

訳：右辺はゼロである．

5. その他

♪ The approximation $\sqrt{1+x} \approx 1 + \dfrac{1}{2}x$ is valid for $|x|$ <u>sufficiently small</u>.

訳：近似 $\sqrt{1+x} \approx 1 + \dfrac{1}{2}x$ は十分小さい $|x|$ に対して（→ $|x|$ が十分小さいとき）有効である．

♪ A set S is *bounded* if S is contained in some <u>sufficiently large</u> ball.

訳：S が有界であるとは，S がある十分大きな球に含まれることである．

♪ the greatest common divisor

訳：最大公約数

♪ the least common multiple

訳：最小公倍数

6. especially と in particular の使い分け [パケット 1]【ちょっと高度】

especially

程度の比較を表す．（同種の中で）特に，特別に．
文頭には用いない．

♪ It has been windy all week, but today is <u>especially</u> windy. [パケット 1]

訳：今週ずっと風が吹いているが，今日はこれまでにも増して風が強い．

♪ The result is <u>especially</u> helpful in the study of diffusions.

訳：その結果は拡散の研究において特に役に立つ．

in particular

焦点を絞る．

♪ The theorem is valid for continuous functions, and <u>in particular</u>, for polynomials.

訳：この定理は連続関数に対して，特に，多項式に対して成り立つ（※普通

はこのあとに多項式に焦点を当てた記述が続く）．

♪ We use the usual Euclidean distance or metric on $\mathbb{R}^n$. So if x, y are points of $\mathbb{R}^n$, the distance between them is $|x-y| = (\sum_{i=1}^{n} |x_i - y_i|^2)^{1/2}$. <u>In particular</u>, we have the triangle inequality $|x + y| \leq |x| + |y|$. （テキスト 6）

訳：ここでは $\mathbb{R}^n$ 上のユークリッド距離を用いる．すなわち，x, y を $\mathbb{R}^n$ の点とすると，その間の距離は $|x - y| = (\sum_{i=1}^{n} |x_i - y_i|^2)^{1/2}$ である．特に，三角不等式 $|x + y| \leq |x| + |y|$ が成り立つ．

8.2　テキスト 8：数学用語（その 3）

1.2　Functions and limits

Let X and Y be any sets. A *mapping, function* or *transformation* f from X to Y is a rule or formula that associates a point $f(x)$ of Y with each point x of X. We write $f : X \to Y$ to denote this situation; X is called the *domain* of f and Y is called the *codomain*. If A is any subset of X, we write $f(A)$ for the *image* of A, given by $\{f(x) : x \in A\}$. If B is a subset of Y, we write $f^{-1}(B)$ for the *inverse image* or *pre-image* of B, that is, the set $\{x \in X : f(x) \in B\}$; note that in this context the inverse image of a single point can contain many points.

A function $f : X \to Y$ is called an *injection* or a *one-to-one* function if $f(x) \neq f(y)$ whenever $x \neq y$, that is, different elements of X are mapped to different elements of Y. The function is called a *surjection* or an *onto* function if, for every y in Y, there is an element x in X with $f(x) = y$, that is, every element of Y is the image of some point in X. A function that is both an injection and a surjection is called a *bijection* or *one-to-one correspondence* between X and Y. If $f : X \to Y$ is a bijection then we may define the *inverse function* $f^{-1} : Y \to X$ by taking $f^{-1}(y)$ as the unique element of X such that $f(x) = y$. In this situation, $f^{-1}(f(x)) = x$ for all x in X and $f(f^{-1}(y)) = y$ for all y in Y.

| The *composition* of the functions $f : X \to Y$ and $g : Y \to Z$ is the function $g \circ f : X \to Z$ given by $(g \circ f)(x) = g(f(x))$.

[Falconer, pp.6–7] より許可を得て転載.

テキスト 8 の単語

他の用語は章末の数学用語 8 を参照.

assóciate ... with ～　…を～と関係づける
codomáin　余域

8.3　テキスト 8 解説

(1) ♪ A mapping, function or transformation
　　訳：写像（関数，変換とも言う）

　　ここでは同じものの言い換え．不定冠詞 a が最初にひとつだけつくことに注意．

　　♣ 比較
　　　♪ A mapping, a function or a transformation
　　　訳：写像または関数または変換

(2) ♪ a rule or formula
　　訳：規則（式）

　　これも同じものの言い換え．

(3) ♪ note that ...
　　訳：…に注意しよう.

(4) ♪ if $f(x) \neq f(y)$ whenever $x \neq y$
　　直訳すれば，「$x \neq y$ のときにはいつでも $f(x) \neq f(y)$ ならば」

1.2 関数と極限

X および Y を任意の集合とする．X から Y への**写像**（**関数**，**変換**とも言う）f は X の各点 x に Y の 1 点 $f(x)$ を対応させる規則（あるいは式）のことである．このことを $f : X \to Y$ のように記す．X を f の**定義域**，Y を**余域**と言う．A を X の任意の部分集合とするとき，$f(A)$ は A の**像** $\{f(x) : x \in A\}$ を表す．B を Y の部分集合とするとき，$f^{-1}(B)$ は B の**逆像**（**原像**とも言う），すなわち集合 $\{x \in X : f(x) \in B\}$ を表す．このとき，1 点の逆像が多くの点を含みうることに注意せよ．

関数 $f : X \to Y$ が**単射**あるいは **1 対 1 の関数**であるとは，$x \neq y$ ならばつねに $f(x) \neq f(y)$ であること，すなわち X の異なる要素が Y の異なる要素に写されることである．関数が**全射**あるいは**上への関数**であるとは，Y の各要素 y に対して，ある X の要素 x が存在して $f(x) = y$ をみたすこと，すなわち Y のどの要素 y も X の何らかの要素 x の像となっていることである．単射かつ全射である関数を X と Y の間の**全単射**（**1 対 1 対応**）であると言う．$f : X \to Y$ が全単射ならば，**逆関数** $f^{-1} : Y \to X$ が定義できる．$f^{-1}(y)$ を $f(x) = y$ をみたす X の唯一の要素として定義すればよい．このとき，X のすべての要素 x に対し $f^{-1}(f(x)) = x$ であり，Y のすべての要素 y に対して $f(f^{-1}(y)) = y$ である．

2 つの関数 $f : X \to Y, g : Y \to Z$ の**合成関数**とは $(g \circ f)(x) = g(f(x))$ で決まる関数 $g \circ f : X \to Z$ である．

8.4 演習問題・数学用語集 8（写像）

1. 次の数学用語に対応する英語を書き，その意味を本文に則して日本語で書こう．

    (1) （関数が）単射

    (2) （関数が）全射

    (3) （関数が）全単射

(4) 逆関数

2. 次の □ に適切な冠詞を付けよ．冠詞が付かない場合は □× と書くこと．

1) We generally work in n-dimensional Euclidean space, $\mathbb{R}^n$, where $\mathbb{R}^1 = \mathbb{R}$ is just □ set of real numbers or □ 'real line', and $\mathbb{R}^2$ is □ (Euclidean) plane. □ addition and □ scalar multiplication are defined in □ usual manner, so that $x+y = (x_1+y_1, \ldots, x_n + y_n)$ and $\lambda x = (\lambda x_1, \ldots, \lambda x_n)$, where λ is □ real scalar. We use □ usual Euclidean distance or metric on $\mathbb{R}^n$. So if x, y are □ points of $\mathbb{R}^n$, □ distance between them is $|x-y| = (\sum_{i=1}^n |x_i - y_i|^2)^{1/2}$. In particular, we have □ triangle inequality $|x + y| \leq |x| + |y|$.

2) □ *closed ball* of □ centre O and □ radius 1 is defined by $B(O,1) = \{y : |y| \leq 1\}$.

3) If A and B are □ subsets of $\mathbb{R}^n$ and λ is □ real number, we define □ *vector sum* of □ sets as $A + B = \{x + y : x \in A \text{ and } y \in B\}$ and we define □ *scalar multiple* $\lambda A = \{\lambda x : x \in A\}$.

4) □ infinite set A is *countable* if its elements can be listed in □ form $x_1, x_2, \ldots$ with every element of A appearing at □ specific place in □ list; otherwise □ set is *uncountable*. □ sets $\mathbb{Z}$ and $\mathbb{Q}$ are countable but $\mathbb{R}$ is uncountable. Note that □ countable union of countable sets is countable.

5) □ set A is called □ *neighbourhood* of a point x if there is some (small) ball $B(x,r)$ centred at x and contained in A.

6) □ intersection of all the closed sets containing □ set A is

called $\boxed{}$ *closure* of A, written $\overline{A}$.

7) Let X and Y be any sets. $\boxed{}$ *mapping* from X to Y is $\boxed{}$ rule that associates with each point x of X $\boxed{}$ point $f(x)$ of Y. We write $f : X \to Y$ to denote this situation; X is called $\boxed{}$ *domain* of f and Y is called $\boxed{}$ *codomain*.

8) If $f : X \to Y$ is $\boxed{}$ bijection then we may define $\boxed{}$ *inverse function* $f^{-1} : Y \to X$ by taking $f^{-1}(y)$ to be $\boxed{}$ unique element of X such that $f(x) = y$.

数学用語集 8（写像）

C は可算名詞，U は不可算名詞.

mápping (C)　写像
map（他動詞）　（写像で）写す
transformátion (C)　変換
domáin (C)　定義域
ránge (C)　値域
ímage (C)　像
ínverse image　逆像
pre-ímage　原像
compositíon (U)　（関数などの）合成，(C)　合成関数
injéction (one-to-one function) (C)　単射
surjéction (ónto function) (C)　全射
bijéction (one-to-one correspondence) (C)　全単射（1 対 1 対応）
term (C)　項
both sídes　両辺
right-hand side　右辺
left-hand side　左辺

第 9 章

分詞構文・動名詞

Participial constructions and gerunds

9.1 英語のルール：分詞構文と動名詞

　分詞構文は現在分詞（〜ing）および過去分詞（規則動詞は〜ed）が副詞的に文を修飾するもので，動名詞（〜ing）は名詞句という違いがある．

1. 分詞構文：〜すると，〜だから

文章のみで用いられる．

> 分詞構文の意味上の主語と，主文の主語は一致すべきである．

【主語が一致しない独立分詞構文については本節の 6.「独立分詞構文」参照】

♪ Using this result, one can easily show the following properties.
訳：この結果を用いれば，次の性質は容易に示せる．

♪ Letting $\varepsilon \to 0$ in (1), we obtain the desired result.
訳：(1) 式で $\varepsilon \to 0$ とすると，望む（証明しようとしていた）結果を得る．

♪ Thus, by the induction hypothesis, and using (1), we obtain （式）.
訳：よって帰納法の仮定により，そして (1) を用いて（式）を得る．

　※ inductive hypothesis とも言う．

♪ Reversing the roles of x and x', we get the opposite inclusion. （テキスト 9）
訳：x と x' の役割を入れ替えると，逆の包含関係を得る．

♣ 主語が一致しないのは文法的ではないと述べたが，慣用句的に使われる表現もある.

♪ <u>Summarizing</u>, if a continuous function on an interval takes on two values, it takes on every value in between.（テキスト2の続き）

訳：要するに，区間上の連続関数が2つの（異なる）値をとれば，その間のすべての値をとる.

Concerning［通例文頭で］（〜に関して言えば）などもこの例.

2. by ＋動名詞：〜すること（名詞）によって

主語の一致は不要.

♪ The eigenvectors come separately <u>by solving $(A - \lambda I)\mathbf{x} = \mathbf{0}$</u>.（テキスト4）

訳：固有ベクトルは別々に（それぞれの固有値に対して）$(A - \lambda I)\mathbf{x} = \mathbf{0}$ を解くことによって出る.

♪ Many results can be proved <u>by applying this theorem</u>.

訳：この定理を使うと様々な結果が証明できる.

♪ The difficulty will be overcome <u>by using the following notions</u>.

訳：次の概念を使うとこの困難は克服できる.

3. 動名詞を主語にする

♪ <u>Squaring a positive number less than 1</u> yields a smaller number.

訳：1より小さい正の数を2乗するとさらに小さい数になる.

Squaring a positive number less than 1（1より小さい正の数を2乗すること）が主語.

♪ <u>Taking the limit as $r \to \infty$ and using (1.2.1)</u> gives the desired result. [MS]

訳：$r \to \infty$ の極限をとり (1.2.1) を用いれば，望む式（証明したい式）を得る.

♣　「極限をとり (1.2.1) を用いる」をひとつの操作とみなす（極限をとる
　　だけ，または (1.2.1) を用いるだけでは不十分）ので，主語を単数扱い
　　している．

♪　Taking the nth derivative at $x = 0$ in both sides yields （式）.
訳：$x = 0$ において両辺を n 回微分すれば，（式）を得る．

♪　Substituting (1) into the above summation leads to （式）.
訳：上の和に (1) を代入すると（式）を得る．

4. Given ～：～が与えられたとき（慣用表現），もとは分詞構文 (Being) given

♪　Given $\varepsilon > 0$, there exists a number K such that $|x_k - x| < \varepsilon$ whenever $k > K$. （テキスト 7）
訳：$\varepsilon > 0$ が与えられたとき，ある数 K が存在して，$k > K$ ならば $|x_k - x| < \varepsilon$
　　となる．

♪　Given an equivalence relation $\sim$ on a set X, the equivalence class of $x \in X$ is defined to be the set

$$[x] = \{y \in X : y \sim x\},$$

that is, the subset of X consisting of all y that are equivalent to x.
訳：集合 X 上の同値関係 $\sim$ が与えられたとき，$x \in X$ の同値類を，集合

$$[x] = \{y \in X : y \sim x\},$$

すなわち，x と同値な y 全体からなる X の部分集合と定義する．

♪　Given a positive integer n, which primes p can be expressed in the form

$$p = x^2 + ny^2,$$

where x and y are integers? （テキスト 10）
訳：正の整数 n が与えられたとき，どのような素数 p が

$$p = x^2 + ny^2$$

の形に表されるだろうか. ここで, x, y は整数である.

5. 懸垂分詞 (dangling participle)

　分詞の意味上の主語と, 主文の主語が一致しない分詞を懸垂分詞とよぶ.
文法的には正しくないとされるが, 数学の文献ではときどき見かける. 自分
で書くときは推奨しない.

♪ Using this fact, Lemma 1 readily follows.
訳：この事実を用いると補題 1 はすぐに導かれる.

　分詞の主語は we, 主節の主語は Lemma 1.

　using this fact を動名詞として, By using this fact, Lemma 1 readily
follows. とすれば文法的に正しい.

♪ Substituting this back into (2.1), the first term becomes（式）. [MS]
訳：これを (2.1) に再び代入すると, 第 1 項は（式）となる.

　分詞の主語は we, 主節の主語は the first term.

　By substituting this back into (2.1), the first term becomes（式）. とす
るとよい.

♪ Then $y \sim x$ and $y \sim x'$; it follows, using the symmetric and transitive
laws, that $x \sim x'$.（テキスト 9）
訳：対称律と推移律を用いると $x \sim x'$ がしたがう.

　分詞の主語は we, 主節の主語は it.

　by using としてもよいが,

　　Then $y \sim x$ and $y \sim x'$; using the symmetric and transitive laws,
　　we have $x \sim x'$.

のようにも書ける.

6. 独立分詞構文 (absolute participial construction)

<blockquote>
代表的な例文

♪ The weather being fine, we went on a hike.

訳：天気がよかったので，ハイキングに出かけた.
</blockquote>

ここで，分詞の主語は The weather，主節の主語は we である.

本節の最初に「分詞構文の意味上の主語と，主文の主語は一致すべきである」と述べたが，上のように分詞と主節の主語が異なる場合に，分詞の前に分詞の主語を置けば文法的に正しい文になる.以下にいくつか例を挙げる.

♪ Given a positive integer n, which primes p can be expressed in the form

$$p = x^2 + ny^2,$$

where x and y are integers? (テキスト 10)

訳：正の整数 n が与えられたとき，どのような素数 p が

$$p = x^2 + ny^2$$

の形に表されるだろうか.ここで x, y は整数とする.

これは第 3 章で挙げた関係副詞の非制限用法の例だが，同じ内容が

Given a positive integer n, which primes p can be expressed in the form

$$p = x^2 + ny^2,$$

<u>x and y being integers?</u>

とも表される.これは独立分詞構文の例で，主文の主語は which primes，分詞の主語は x and y である.

独立分詞構文はこのようにさりげなく数学の文章に使われている.

♪ (式), Fubini's theorem being used in the last step. [= (式), where Fubini's theorem has been used in the last step.]

訳：ここで最後の式変形でフビニの定理が使われている．→フビニの定理を
　　用いている．

♪ Now, F being convex, we can asssume that ... [= since F is convex,
...] [Trzeciak]

訳：さて，F は凸なので（※理由），…と仮定することができる．

9.2　テキスト9：同値関係・群

1. Equivalence relations

1) Let X be a set. A *relation R* on X is a subset of $X \times X$. We think
of R as expressing a "relationship" between elements of X that may
be true or false, and in keeping with this point of view we write xRy
(for $x, y \in X$) in place of $(x, y) \in R$. For example, "=" (equals),
"<" (is less than), and "|" (divides) are all relations on the natural
numbers $\mathbb{N}$.

2) **Definition G.1.1.** A relation $\sim$ on X is an *equivalence relation* if
it satisfies the following three properties for all $x, y, z \in X$:

(a) $x \sim x$ (reflexive law),

(b) if $x \sim y$, then $y \sim x$ (symmetric law),

(c) if $x \sim y$ and $y \sim z$, then $x \sim z$ (transitive law).

Equality is the archetypal equivalence relation but there are many
other examples also. For example, let n be a natural number. The
relation defined on $\mathbb{Z}$ by "congruence modulo n", where $p \sim q$ if and
only if $p - q$ is a multiple of n, is easily seen to be an equivalence
relation. If two elements are related by an equivalence relation, we
may say that they are *equivalent*.

3) **Definition G.1.2.** Given an equivalence relation $\sim$ on a set X, the
equivalence class of $x \in X$ is

$$[x] = \{y \in X : y \sim x\},$$

that is, the subset of X consisting of all y that are equivalent to x.

Proposition G.1.3. Let X be a set with equivalence relation $\sim$. Then X can be written as a disjoint union of equivalence classes, so that each member of X belongs to one and only one such equivalence class.

4) **Proof.** By the reflexive law, $x \in [x]$, so every member of X belongs to at least one equivalence class. Thus it suffices to show that if $x, x' \in X$, then their equivalence classes $[x]$ and $[x']$ are either identical or disjoint. Suppose that they are not disjoint and let $y \in [x] \cap [x']$. Then $y \sim x$ and $y \sim x'$; it follows, using the symmetric and transitive laws, that $x \sim x'$. Hence, by transitivity again, if $y' \sim x$, then $y' \sim x'$, so $[x] \subseteq [x']$. Reversing the roles of x and x', we get the opposite inclusion, so $[x] = [x']$ as required.

2. Groups

5) Let S be a set. A *binary operation* on S is a mapping $S \times S \to S$, in other words, a well-defined process which takes two members of S as "input" and produces another as "output". We are familiar with many examples. The usual arithmetical operations are binary operations on appropriate sets S: for instance, addition is a binary operation on the natural numbers $\mathbb{N}$, subtraction is a binary operation on the integers $\mathbb{Z}$, multiplication is a binary operation on the rational numbers $\mathbb{Q}$, division is a binary operation on the *nonzero* real numbers $\mathbb{R} \setminus \{0\}$ (division by zero is not defined!). Addition of vectors in a vector space is a binary operation, composition of linear transformations is a binary operation, concatenation of paths is a binary operation. A *group* is a set with a binary operation that obeys various "symmetry" properties.

6) **Definition G.2.1.** A *group* is a set G equipped with a binary operation (here denoted by $*$) which has the following properties:

(a) (Associative law) For all $g_1, g_2, g_3 \in G$ we have

$$(g_1 * g_2) * g_3 = g_1 * (g_2 * g_3).$$

(b) (Existence of identity) There is an element $e \in G$, called the *identity*, which has the property that for all $g \in G$,

$$e * g = g = g * e.$$

(c) (Existence of inverses) For each $g \in G$ there is another element $g^{-1} \in G$, called the *inverse* of g, such that

$$g * g^{-1} = e = g^{-1} * g.$$

7) **Remark G.2.2.** There can only be one identity element: if e and e' were two identities, then $e = e' * e$ because e' is an identity, and $e' * e = e'$ because e is an identity. Similar reasoning shows that a given $g \in G$ can only have one inverse.

8) The notation $*$ for the binary operation may be replaced by something else, according to what is most helpful. In what follows we'll usually denote the binary operation by simple *juxtaposition*; i.e., we will write gh for $g * h$. Notice that while the binary operation must satisfy the associative law, it is *not* required to satisfy the commutative law $g_1 g_2 = g_2 g_1$. A group in which the commutative law is satisfied is called *abelian*.

9) **Example G.2.3.** The integers, or the rational, real, or complex numbers, with the usual addition operation, form a group.

10) **Example G.2.4.** Let n be a natural number. A *residue class modulo n* is a subset of $\mathbb{Z}$ consisting of all the integers that leave a given remainder when divided by n; there are n such residue classes. (For

example, the even integers and the odd integers form the two residue classes modulo 2.) If A and B are two residue classes modulo n, their sum

$$A + B := \{a + b : a \in A,\, b \in B\}$$

is also a residue class modulo n. (For example, odd plus odd equals even.) This operation makes the collection of such residue classes into a *group* with n elements, called the *cyclic group* of order n, $\mathbb{Z}_n$.

11) **Example G.2.5.** Suppose that S is a set with n elements (for example, the set $\{1, 2, \ldots, n\}$). The collection of all *bijections* (one-to-one correspondences) $S \to S$ forms a group under the operation "composition of maps". This group, which has $n!$ elements, is called the *symmetric group S_n*, and its elements are called *permutations* of S. In contrast to the previous two examples, this group is *not* abelian (as soon as $n \geq 3$).

[Roe, pp.250–252] より許可を得て，改変して転載.

単語は章末の単語集を参照.

9.3　テキスト9解説

▌1. 同値関係

1) relation も relationship も「関係」だが，ここでは relation は数学用語として用い，relationship はいくつかの物や人の間の関係を意味する日常語として使っている.

「X 上の関係 R とは，直積集合 $X \times X = \{(x_1, x_2) : x_1, x_2 \in X\}$ の部分集合である」と言われても最初はピンとこないかもしれないが，ここはがまんして読んでいくと，すぐに「等しい」，「より大きい」，「より小さい」，「n で割った余りが等しい」などのなじみのある「関係」の例が出てくる.

♪ a "relationship" between elements of X that may be true or false

訳：真か偽かが決まるような X の要素の間の「関係」（※まだ意味がわからなくても先を読んで戻ってくればよい）．

♪ in keeping with this point of view we write xRy (for $x, y \in X$) in place of $(x, y) \in R$.

訳：この観点から，（※最初に直積集合であると言ったが，それに属することを）$(x, y) \in R$ の代わりに xRy と書くことにする．

♪ For example, "=" (equals), " $<$" (is less than), and "|" (divides) are all relations on the natural numbers $\mathbb{N}$.

ここで $\mathbb{N}$ 上の関係の具体例が出る．$\mathbb{N}$ 上で R を「等しい」という関係とすると，2 と 7 に対しては偽であり，3 と 3 に対しては真である（最初の直積集合の形で表すと，$(2, 7) \notin R, (3, 3) \in R$ だが，以下ではずっと $(x, y) \in R$ を xRy と書くことにする）．

> X を集合とする．X 上の**関係** R とは $X \times X$ の部分集合である．R を真か偽かが決まるような X の要素の間の「関係」を表すとする．この観点から，$(x, y \in X$ に対して$) (x, y) \in R$ と書くべきところを xRy と書く．例えば，"=" （等しい），"$<$"（真に小さい），"|"（割り切る）はどれも自然数全体の集合 $\mathbb{N}$ 上の関係である．

2) Definition G.1.1 は同値関係の定義．

真っ先に例として挙がっているが，「等しい」という同値関係は誰もがまず考えるもので，抽象的な「同値関係」の原型 (archetype) と考えられる．

次に，「n を法として合同」を同値関係の例として挙げている．

♪ The relation defined on $\mathbb{Z}$ by "congruence modulo n", where $p \sim q$ if and only if $p - q$ is a multiple of n, is easily seen to be an equivalence relation.

この文の主語は relation，述部は is seen である．where で始まる非

制限用法の関係副詞節が割り込んでいるがそれを取り去ってみると

♪ The relation defined on $\mathbb{Z}$ by "congruence modulo n" is easily seen to be an equivalence relation.

訳：$\mathbb{Z}$ 上で「n を法として合同」として定義された関係が同値関係であることは容易にわかる.

関係副詞節の

where $p \sim q$ if and only if $p - q$ is a multiple of n

は「n を法として合同」とは「$p - q$ が n の倍数であること」であると説明を加えている.

> **定義 G.1.1.** 　X 上の関係 $\sim$ が**同値関係**であるとは，すべての $x, y,$ $z \in X$ に対して，関係 $\sim$ が次の 3 つの性質をみたすことである：
>
> (a) $x \sim x$ （反射律），
> (b) $x \sim y$ ならば $y \sim x$ （対称律），
> (c) $x \sim y$ かつ $y \sim z$ ならば $x \sim z$ （推移律）.
>
> 　「等しい」という関係は，同値関係の原型であるが，ほかにも多くの例がある．例えば，n を自然数としよう．$\mathbb{Z}$ 上で定義される「n を法として合同」という関係 $p \sim q$ とは，$p - q$ が n の倍数になることである．これが同値関係であることは容易に確かめられる．2 つの要素が同値関係によって関係づけられているとき，それらは**同値である**と言う.

3) 同値関係が定義されると，x と同値な要素全体の集合 $[x]$ が定義できる．これが Definition G.1.2 の同値類であり，それは X の部分集合である.

♪ Given an equivalence relation $\sim$ on a set X,
訳：集合 X 上の同値関係 $\sim$ が与えられたとき，

♪ Then X can be written as a disjoint union of equivalence classes, so that each member of X belongs to one and only one such equivalence class.

訳：このとき，X は同値類の互いに素な（※どの2つも共通部分をもたない）和集合として表せる．すなわち，X のそれぞれの要素は必ず同値類のどれかひとつだけに属す．

so that はここでは「すなわち」と訳してよい．

> **定義 G.1.2.** 集合 X 上の同値関係 $\sim$ が与えられたとき，$x \in X$ の同値類とは
> $$[x] = \{y \in X : y \sim x\}$$
> のことである．つまり x と同値であるような y 全体からなる X の部分集合である．

> **命題 G.1.3.** X は集合で，その上に同値関係 $\sim$ が定義されているとする．このとき，X は同値類の直和（互いに素な同値類の和集合）として表される．すなわち X のどの要素もどれかひとつの，そしてただひとつの同値類に属する．

4) the symmetric and transitive laws = the symmetric law and the transitive law.

by transitivity = by the transitive law.

最後は集合の等式 $[x] = [x']$ に持ち込む．集合の等式は両方向の包含関係 $[x] \subseteq [x']$ と $[x] \supseteq [x']$ をそれぞれ証明すればよい．

> **証明** 反射律から $x \in [x]$ であるから，X の各要素は少なくともひとつの同値類に属する．だからあとは，$x, x' \in X$ に対して，それらの同値類 $[x]$ と $[x']$ は同一であるか互いに素であるかのどちらかであることを示せばよい．これらが互いに素ではないと仮定し，$y \in [x] \cap [x']$ とする．このとき，$y \sim x$ かつ $y \sim x'$ であるから，対称律と推移律を用いると，$x \sim x'$ を得る．結局，$y' \sim x$ ならば，推移律より $(x \sim x'$

> だから) $y' \sim x'$ となる．（※原文ではここで y' でなく y を用いているが，任意の $[x]$ の元とみなすべきなので，記号を変えた．）よって，$[x] \subset [x']$ である．x と x' の役割を入れ替えれば逆の包含関係が得られ，$[x] = [x']$ を得る．

∥ 2. 群

5) in other words：言いかえれば，すなわち．

直前に述べたことの説明をしている．

addition, subtraction, multiplication などは，足す，引く，掛けるなどの操作を表す名詞で，無冠詞で用いられる．

♣ ここで道 (path) とはグラフ上の 2 つの頂点を辺をたどって結んだものである（離散数学の範囲）．

> S を集合とする．S 上の**二項演算**とは，写像 $S \times S \to S$ のことである．つまり，S の 2 つの要素を「インプット」として，なんらかの要素を「アウトプット」として与える明確に定義された (well-defined) 演算である．二項演算にはすでに慣れ親しんでいるはずだ．普通の四則演算は適切な集合 S 上で考えると二項演算である．例えば，自然数全体の集合 $\mathbb{N}$ 上で足し算は二項演算であり，引き算は整数全体の集合 $\mathbb{Z}$ 上の二項演算である．かけ算は，有理数全体の集合 $\mathbb{Q}$ 上の二項演算であり，割り算は 0 でない実数の集合 $\mathbb{R} \setminus \{0\}$ 上の二項演算である（0 で割ることは定義されない！）．ベクトル空間におけるベクトルの和は二項演算で，線形変換の合成も二項演算である．道の連結も二項演算である．**群**は二項演算の定義された集合で，様々な「対称性」をもつものである．

6) ♪ a binary operation which has the following properties:

この部分は the following を名詞（「次のことがら」の意味）として用いて，

a binary operation which satisfies the following:

とも表されるが，「次のこと」が複数の場合も the following を用いる（the followings とは言わない）．

♣ 「:」のあとに the following properties の具体的な内容を列挙している．

♪ There is an element $e \in G$, called the *identity*, which has the property that for all $g \in G$,

$$e * g = g = g * e.$$

called the *identity* が割り込んでいるが（コンマではさまれていることから割り込みとわかる），コンマごと除いてみると

There is an element $e \in G$ which has the property that for all $g \in G$,

$$e * g = g = g * e.$$

which 以下は an element $e \in G$ を先行詞とする関係詞節で，全体として「〜という性質をもつ元 $e \in G$ が存在する．」

that 節は property の内容を述べている．「すべての $g \in G$ に対して $e * g = g = g * e$ が成り立つ」という性質．

fact, property, condition, probability などの後にその内容を示す that 節をつけることができて，「〜という事実」，「〜という性質」，「〜という条件」，「〜となる確率」を意味する．

定義 G.2.1. 群とは二項演算の定義された集合 G で（ここでは二項演算を $*$ で表す）次の性質をもつものである．

(a) （結合法則）すべての $g_1, g_2, g_3 \in G$ に対して

$$(g_1 * g_2) * g_3 = g_1 * (g_2 * g_3).$$

(b)　（単位元の存在）**単位元**とよばれる元 $e \in G$ が存在して，すべての $g \in G$ に対して

$$e * g = g = g * e.$$

(c)　（逆元の存在）各 $g \in G$ に対して，g の**逆元**とよばれる元 $g^{-1} \in G$ が存在して，

$$g * g^{-1} = e = g^{-1} * g.$$

7)　♪　if e and e' <u>were</u> two identities

訳：仮に e と e' が 2 つの単位元だとすると

現実に反する仮定をしていることを明確にするため are でなく仮定法の were を用いている．

Similar reasoning shows ... の前に

Thus, $e = e'$.

を補って読もう．

註 G.2.2.　単位元はただひとつである．仮に e と e' が 2 つの単位元だとすると，e' が単位元だから $e = e' * e$ となる．一方 e が単位元だから $e' * e = e'$ となる（よって，$e = e'$ である）．同様の論法で $g \in G$ がただひとつの逆元をもつことも示せる．

8) In what follows　次に来る部分では → 以下では．what は関係代名詞（第 3 章参照）．

　　二項演算を表す記号 $*$ は別のものを用いてよい．状況に応じて一番使いやすい記号を使えばよい．以下では，二項演算を単に元を**並べて**書くことによって表す．すなわち，$g * h$ を gh と書く．ここで注意しておきたいことは，二項演算は結合法則をみたさなければならないが，可換法則 $g_1 g_2 = g_2 g_1$ をみたすことは要求されていないことだ．可換法則が成り立つ群は**アーベル群**とよばれる．

9) ♪ The integers, or [the rational, real, or complex numbers], with the usual addition operations, form a group.

　訳：整数全体の集合，有理数全体の集合，実数全体の集合，複素数全体の集合はそれぞれ通常の和に関して群をなす．

form a group　群をなす

the rational, real, or complex numbers = the rational numbers, the real numbers, or the complex numbers

> 例 G.2.3.　整数全体の集合，有理数全体の集合，実数全体の集合，複素数全体の集合に普通の意味の足し算を二項演算として入れたものはそれぞれ群をなす．

10) ♪ A *residue class modulo n* is a subset of $\mathbb{Z}$ consisting of all the integers that leave a given remainder when divided by n; there are n such residue classes.

　訳：位数 n の剰余類は $\mathbb{Z}$ の部分集合で，与えられた数が n で割った余りになるような整数全体からなる．そのような剰余類は n 個ある（※余りは $0, 1, \ldots, n-1$ の n 種類）．

consisting of から divided by n までは後ろから subset を修飾する現在分詞．

2 つの剰余類 A, B に対して A と B の和を定義する．この演算が剰余類全体の集合を群にする．

make ∼ into a group：∼ を群にする

> 例 G.2.4.　n を自然数とする．**位数 n の剰余類**とは $\mathbb{Z}$ の部分集合で，与えられた数が n で割った余りになるような整数全体からなる集合である．剰余類は全部で n 個ある（例えば，偶数全体の集合と奇数全体の集合は，位数 2 の剰余類をなす）．A と B を位数 n の剰余類とするとき，その和
> $$A + B := \{a + b : a \in A, b \in B\}$$

> もやはり位数 n の剰余類である（例えば，奇数に奇数を足すと偶数である）．この演算によって剰余類の族（集まり）は n 個の元をもつ**群**になる．この群を位数 n の**巡回群**と言い，$\mathbb{Z}_n$ と表す．

11) Example G.2.5 では有限集合からそれ自身への全単射全体の集合を X として，それに群の構造を入れている．この場合の二項演算は写像の合成である．

in contrast to　～と対照的に

> **例 G.2.5.**　S は n 個の元をもつ集合とする（例えば，$\{1, 2, \ldots, n\}$）．すべての**全単射**（1 対 1 対応）$S \to S$ の集まりは二項演算「写像の合成」のもとで群をなす．この群は $n!$ 個の元をもち，**対称群**とよばれ S_n と表される．その元は S の**置換**とよばれる．前にあげた 2 つの例と対照的に，この群は（$n \geq 3$ ならば）アーベル群では**ない**．

存在文の意味的な主語は不特定

　第 2 章で存在文 (There is/are A) の文法的主語は there，意味的な主語は A であると述べた．

　本章より前にお気付きの読者もいるかもしれないが，存在文はいままで話に出てこなかったものの存在を述べるときは意味的な主語は通常不特定であり，単数なら a/some，複数なら some, a few, three（数詞）などがつくか，無冠詞である．

　例：There is a unique positive solution to equation (1).
　*There is the unique positive solution to equation (1).
　（文の最初の上についた * は文法的に正しくないことを表す．）

　the は読者が特定できるものを表すはずだが，方程式 (1) に唯一の正の解が存在することは，読者にとって新情報なので the は適切ではない．

- There is an element $e \in G$, called the *identity*, which has the property that for all $g \in G$, $e * g = g = g * e$.（テキスト 9）

- For every number $\varepsilon > 0$, there is <u>a</u> number $\delta > 0$ such that if $0 < |x - a| < \delta$ then $|f(x) - A| < \varepsilon$.

- There is <u>some</u> number x in (a, b) such that $f(x) = 0$.

- There are n such residue classes.（テキスト 9）

9.4　演習問題・数学用語集 9（同値類・群）

　文法的に正しい文にするために必要ならば，□ に by を入れよ．なくてもよい場合は空欄，入れてはいけない場合は × を入れよ．

(1) □ using the Schwarz inequality, we obtain the desired result.

(2) □ setting $s = 1$, the conclusion of Theorem 1 follows.

(3) □ squaring a complex number squares the modulus and doubles the argument.　（※ modulus：（複素数の）絶対値，argument：偏角）

(4) This can be proved □ using the explicit expressions of Theorem 1.7.

数学用語集 9（同値類・群）

equívalence relation (C)　同値関係
equívalent　同値な
equivalence class (C)　同値類
refléxive law　反射律
symmétric law　対称律（sýmmetry　対称性）
tránsitive law, transitívity　推移律（移動律）
equálity (U)　等しいこと，(C)　等式
árchetypal ［アーキタイプル］　原型的な
cóngruence módulo n　n を法とする合同
be cóngruent módulo n　n を法として合同である
múltiple (C)　倍数

bínary operátion (C)　二項演算

arithmétical operation　算術（四則）演算

concatenátion (U)　連結

gróup (C)　群

form a group　群をなす

idéntity (C)　単位元

ínverse (C)　逆元

abélian group　アーベル群（可換群）

assóciative law　結合法則

permutátion (C)　順列

juxtaposítion (U)　並置（隣に置くこと）

commútative law　交換法則

résidue class módulo n　位数 n の剰余類

remáinder［リメインダ］(C)　剰余

cýclic group of order n　位数 n の巡回群

symmétric group　対称群

まとめ

Advanced exercises

10.1 英語で証明する

> 数列 $\{a_n\}$ が α に収束するとき,
>
> $$\frac{a_1 + a_2 + \cdots + a_n}{n} \to \alpha$$
>
> が成り立つ. この証明を英語で書け.

証明の方針をたてる

(1) 証明すべき式を扱いやすい形にする:

$$\left|\frac{a_1 + a_2 + \cdots + a_n}{n} - \alpha\right| = \left|\frac{1}{n}\sum_{i=1}^{n} a_i - \alpha\right|$$

$$= \frac{1}{n}\left|\sum_{i=1}^{n}(a_i - \alpha)\right| \leq \frac{1}{n}\sum_{i=1}^{n}|a_i - \alpha|.$$

この最右辺が 0 に収束することを示す.

(2) 任意に $\varepsilon > 0$ を定める.

仮定より, この $\varepsilon > 0$ に対して, すべての $n > N$ なる n に対して $|a_n - \alpha| < \varepsilon$ となる自然数 N がとれる.

(3) このような N を固定し, n を $n > N$ をみたす任意の自然数として和を 2つに分ける.

$$\frac{1}{n}\sum_{i=1}^{N}|a_i - \alpha| + \frac{1}{n}\sum_{i=N+1}^{n}|a_i - \alpha|.$$

(4) 第 2 項は

$$\frac{1}{n}\sum_{i=N+1}^{n}|a_i-\alpha| < \frac{n-N}{n}\varepsilon < \varepsilon.$$

(5) 第 1 項に関しては，N は上で固定しているから，$N_1 > N$ を十分大きくとれば，$n > N_1$ をみたす任意の n に対して

$$\frac{1}{n}\sum_{i=1}^{N}|a_i-\alpha| < \varepsilon.$$

(6) これらを合わせると，$n \geq N_1$ ならば

$$\frac{1}{n}\sum_{i=1}^{n}|a_i-\alpha| < 2\varepsilon.$$

(7) 【証明終】

　ここで，上の証明の方針にしたがって自分で証明を書いてみよう．書いたら次の証明の添削例と比べてみよう．まとまった解答例は巻末に載せた．

10.2　実際の答案による添削例

　（なるべく元の答案を生かすように添削している）

(1) 解答例

We change the shape of $\left|\dfrac{a_1+a_2+\cdots+a_n}{n}-\alpha\right|$. （※このあと式変形が続く．）

$\Longrightarrow$ First, we note that

$$\left|\frac{a_1+a_2+\cdots+a_n}{n}-\alpha\right| = \left|\frac{1}{n}\sum_{i=1}^{n}a_i-\alpha\right|$$
$$= \frac{1}{n}\left|\sum_{i=1}^{n}(a_i-\alpha)\right| \leq \frac{1}{n}\sum_{i=1}^{n}|a_i-\alpha|,$$

where we have applied the triangle inequality to deduce the inequality. We will prove that the right-hand side converges to 0 as $n \to \infty$.

(2) **解答例**

For an arbitrary positive number ε, there is N in natural numbers such that if $n \geq N$ then $|a_n - \alpha| < \varepsilon$, since a_n converges to α.

$\Longrightarrow$ Since a_n converges to α, for an arbitrary positive number ε, there is a natural number N such that if $n \geq N$ then $|a_n - \alpha| < \varepsilon$.

$\{a_n\}$ の収束という仮定があるからこそ，任意の数 $\varepsilon > 0$ を考えるので since 部分を先に出した.

(3)–(6) **解答例**（式の書き方は多少変えてある.）

When $n > N$,

$$\frac{1}{n}\sum_{i=1}^{N}|a_i - \alpha| + \frac{1}{n}\sum_{i=N+1}^{n}|a_i - \alpha|.$$

Then

$$\frac{1}{n}\sum_{i=N+1}^{n}|a_i - \alpha| < \frac{\varepsilon + \cdots + \varepsilon}{n} = \frac{n-N}{n}\varepsilon < \varepsilon.$$

We can take $N_1 > N$ large enough and when $n > N_1$

$$\frac{1}{n}\sum_{i=1}^{N}|a_i - \alpha| < \varepsilon.$$

Therefore,

$$\frac{1}{n}\sum_{i=1}^{n}|a_i - \alpha| < 2\varepsilon.$$

$\Longrightarrow$ For $n > N$, we divide the sum into two parts:

$$\frac{1}{n}\sum_{i=1}^{N}|a_i - \alpha| + \frac{1}{n}\sum_{i=N+1}^{n}|a_i - \alpha|. \tag{10.1}$$

The second part is bounded by

$$\frac{1}{n}\sum_{i=N+1}^{n}|a_i - \alpha| < \frac{\varepsilon + \cdots + \varepsilon}{n} = \frac{n-N}{n}\varepsilon < \varepsilon. \tag{10.2}$$

Furthermore, we can take $N_1 > N$ large enough so that

$$\frac{1}{n}\sum_{i=1}^{N}|a_i - \alpha| < \varepsilon, \quad \text{for all } n > N_1. \tag{10.3}$$

Therefore, combining (10.1)–(10.3), we have

$$\frac{1}{n}\sum_{i=1}^{n}|a_i - \alpha| < 2\varepsilon, \quad \text{for all } n > N_1.$$

This completes the proof.

(10.1) の上の行は For $\underline{\text{all}}$ $n > N, \cdots$ としても同じ.

large enough は後ろから N_1 にかかり，さらに so that 以下は形容詞の large enough を修飾（〜するくらい大きい）している．名詞を修飾する場合は such that.

10.3　テキスト 10：整数

（和訳はつけてないので，自力で挑戦してみよう.）

Introduction

Most first courses in number theory or abstract algebra prove a theorem of Fermat which states that for an odd prime p,

$$p = x^2 + y^2, \quad x, y \in \mathbb{Z} \iff p \equiv 1 \bmod 4.$$

This is only the first of many related results that appear in Fermat's works. For example, Fermat also states that if p is an odd prime, then

$$p = x^2 + 2y^2, \quad x, y \in \mathbb{Z} \iff p \equiv 1 \text{ or } 3 \bmod 8.$$
$$p = x^2 + 3y^2, \quad x, y \in \mathbb{Z} \iff p = 3 \text{ or } p \equiv 1 \bmod 3.$$

These facts are lovely in their own right, but they also make one curious to know what happens for primes of the form $x^2 + 5y^2$, $x^2 + 6y^2$, etc. This leads to the basic question of the whole book, which we formulate as follows:

Basic Question 0.1. Given a positive integer n, which primes p can be expressed in the form

$$p = x^2 + ny^2,$$

where x and y are integers?

We will answer this question completely, and along the way we will encounter some remarkably rich areas of number theory.

Chapter 1. From Fermat to Gauss

In this section we will discuss primes of the form $x^2 + ny^2$, where n is a fixed positive integer. Our starting point will be the three theorems of Fermat mentioned in the introduction.

Theorem 1.1

For odd primes p,

$$p = x^2 + y^2, \quad x, y \in \mathbb{Z} \iff p \equiv 1 \bmod 4.$$

$$p = x^2 + 2y^2, \quad x, y \in \mathbb{Z} \iff p \equiv 1 \text{ or } 3 \bmod 8.$$

$$p = x^2 + 3y^2, \quad x, y \in \mathbb{Z} \iff p = 3 \text{ or } p \equiv 1 \bmod 3.$$

The goals of this section are to prove Theorem 1.1 and, more importantly, to get a sense of what is involved in studying the equation $p = x^2 + ny^2$ when $n > 0$ is arbitrary. This last question was best answered by Euler, who spent 40 years proving Fermat's theorems and thinking about how they can be generalized. Our exposition will follow some of Euler's papers closely, both in the theorems proved and in the examples studied.

Fermat

Fermat's first mention of $p = x^2 + y^2$ occurs in a 1640 letter to Mersenne, while $p = x^2 + 2y^2$ and $p = x^2 + 3y^2$ come later, first appearing in a 1654 letter to Pascal. Although no proofs are given in these letters, Fermat states the results as theorems. Writing to Digby in 1658, he repeats these assertions in the following form:

Every prime number which surpasses by one a multiple of four is composed of two squares. Examples are 5, 13, 17, 29, 37, 41, etc.

Every prime number which surpasses by one a multiple of three is composed of a square and the triple of another square. Examples are 7, 13, 19, 31, 37, 43, etc.

Every prime number which surpasses by one or three a multiple of eight is composed of a square and the double of another square. Examples are 3, 11, 17, 19, 41, 43, etc.

Fermat adds that he has solid proofs.

Theorem 1.1 sets out only part of the work that Fermat did with $x^2 + ny^2$.

Euler

Euler first heard of Fermat's results through his correspondence with Goldbach. In fact, Goldbach's first letter to Euler, written in December 1729, mentions Fermat's conjecture that $2^{2^n} + 1$ is always prime. Shortly thereafter, Euler read some of Fermat's letters that had been printed in Wallis' *Opera*. Euler was intrigued by what he found. For example, writing to Goldbach in June 1730, Euler comments that Fermat's four-square theorem (every positive integer is a sum of four or fewer squares) is a "non inelegans theorema". For Euler, Fermat's assertions were serious theorems deserving of proof, and finding the proofs became a life-long project. Euler's first paper on number theory, written in 1732 at age 25, disproves Fermat's claim about $2^{2^n} + 1$ by showing that 641 is a factor of $2^{32} + 1$.

[Cox, pp.1, 7–9] より許可を得て，改変して転載.

註：a theorem of Fermat：フェルマーの定理のひとつ

 Opera：(= works) 論文集，the four-square theorem：四平方定理.

non inelegans theorema（ラテン語）= not inelegant theorem：「見ようによっては美しく見えなくもない定理」.

Euler：オイラー, Fermat：フェルマー, Gauss：ガウス,

Goldbach：ゴールドバッハ, Mersenne：メルセンヌ, Pascal：パスカル

テキスト 10 の単語

abstráct（形容詞）　抽象的な
exposítion (C)　解説
assértion (C)　主張
fórmulate（他動詞）　述べる，定式化する
státe（他動詞）　述べる
in their own right　それ自身で
surpáss A by B　A を B だけ上回る
a múltiple of three　3 の倍数
dispróve（他動詞）　〜が誤りであることを示す
compose（他動詞）　〜を構成する

10.4　応用と演習・数学用語集 10（整数）

UNIFORM CONTINUITY

We know that the function $f(x) = x^2$ is continuous at a for all a. In other words,

> if a is any number, then for every $\varepsilon > 0$ there is some $\delta > 0$ such that, for all x, if $|x - a| < \delta$, then $|x^2 - a^2| < \varepsilon$.

Of course, δ depends on ε. But δ *also depends* on a — the δ that works at a might not work at b. Indeed, it's clear that given $\varepsilon > 0$ there is no one $\delta > 0$ that works for all a, or even for all positive a. In fact, the number $a + \delta/2$ will certainly satisfy $|x - a| < \delta$, but if $a > 0$, then

$$\left| \left(a + \frac{\delta}{2} \right)^2 - a^2 \right| = \left| a\delta + \frac{\delta^2}{4} \right| \geq a\delta,$$

and this won't be $< \varepsilon$ once $a > \varepsilon/\delta$. (This is just an admittedly confusing computational way of saying that f is growing faster and faster!)

On the other hand, for any $\varepsilon > 0$ there *will* be one $\delta > 0$ that works for all a in any interval $[-N, N]$. In fact, the δ which works at N or $-N$ will also work everywhere else in the interval.

As a final example, consider the function $f(x) = \sin 1/x$. It is easy to see that, so long as $\varepsilon < 1$, there will not be one $\delta > 0$ that works for this function at all points a in the open interval $(0, 1)$.

These examples illustrate important distinctions between the behavior of various continuous functions on certain intervals, and there is a special term to signal this distinction.

The function f is **uniformly continuous on an interval** A if for every $\varepsilon > 0$ there is some $\delta > 0$ such that, for all x and y in A,

$$\text{if } |x - y| < \delta, \text{ then } |f(x) - f(y)| < \varepsilon.$$

[Spivak, pp.142] より許可を得て，改変して転載.

単語・表現

úniform continúity　一様連続性 / uniformly contínuous　一様連続な
depénd on　〜に依存する
work（自動詞）　うまくいく，機能する
there is no one/single δ that works for all a　すべての a に対してうまく
　くような δ はひとつとしてない.
signal（他動詞）　〜を示す
once $a > \varepsilon/\delta$　ひとたび $a > \varepsilon/\delta$ となれば
admíttedly　実をいえば
on the other hand　他方では（2 つの異なる状況を対比）
term (C)　用語
so long as (=only if, provided)　〜であれば
distínction (C)　区別，相違

♣ this won't be $< \varepsilon$ はかなりくだけた書き方である.

演習問題

1. 以下の定理の証明を読んで内容を理解して，英語で証明を書け．同じ内容が伝わればよいので逐語訳する必要はない（以下に引用した本は教科書なので，記号に慣れさせる目的があるのだろうが，ここでは文章の中では $\exists, \forall$ などを使わずことばで書こう）．

> **定理**
>
> 閉区間 $I = [a, b]$ 上の連続関数は一様連続である．
>
> [証明] 背理法で示される．結論を否定する．
>
> $\exists \varepsilon > 0, \ \forall \delta > 0; \ |x - y| < \delta$ であるが，$|f(x) - f(y)| \geq \varepsilon$ となるような x と y が存在する．
>
> さて，上記の $\delta > 0$ として，$\delta = 1/n \ (n = 1, 2, \ldots)$ をとり，それらに対する上記の x と y を，x_n と y_n とする．このとき，
>
> $$|x_n - y_n| < 1/n \quad \text{かつ} \quad |f(x_n) - f(y_n)| \geq \varepsilon \quad (n = 1, 2, \ldots) \quad (1)$$
>
> が成り立つ．このとき，数列 x_n は区間 $[a, b]$ に含まれているので，有界である．したがってボルツァノ–ワイエルシュトラスの定理により，収束する部分列を含む．それを $\{x_{n_k}\}$ とし，$x_{n_k} \to c \ (k \to \infty)$ とする．$a \leq x_{n_k} \leq b$ より，$a \leq c \leq b$ である．ところが y_{n_k} については，上式 (1) より，
>
> $$|x_{n_k} - y_{n_k}| < \frac{1}{n_k} \to 0 \quad (k \to 0)$$
>
> なのであるから，$y_{n_k} \to c \ (k \to \infty)$ である．さて，f は $x = c$ においても連続であるので，
>
> $$\lim_{k \to \infty} f(x_{n_k}) = \lim_{k \to \infty} f(y_{n_k}) = f(c)$$
>
> である．ゆえに
>
> $$|f(x_{n_k}) - f(y_{n_k})| \leq |f(x_{n_k}) - f(c)| + |f(c) - f(y_{n_k})| \to 0 \quad (k \to \infty)$$

となる. これは, x_{n_k} と y_{n_k} を

$$|f(x_{n_k}) - f(y_{n_k})| \geq \varepsilon$$

が成り立つように取ったことと矛盾する. したがって, f は I 上で一様連続である.

【証明終】

[Urakawa, p.26] より許可を得て, 改変して転載.

註：ボルツァノ–ワイエルシュトラスの定理：the Bolzano-Weierstrass theorem

2. 以下の文章では，まずべき級数によって複素数上で指数関数を定義し，この定義から指数関数の性質，三角関数の定義，三角関数の加法定理，定数 π の定義，三角関数の周期性，およびオイラーの公式を導いている．その論理を追いながら読んでみよう（和訳はつけていない）.

The exponential series

$$\exp(z) = \sum_{n=0}^{\infty} \frac{z^n}{n!}$$

converges for all values of z and defines a differentiable function on the whole complex plane (such a function is called an *entire function*). We also use the notation e^z for this function.

By term-by-term multiplication and differentiation one verifies

(a) addition law: $e^{z+w} = e^z e^w$;

(b) differentiation law: the function $z \mapsto e^z$ is its own derivative.

The sine and cosine functions are defined in terms of the exponential by

$$\sin z = \frac{e^{iz} - e^{-iz}}{2i} = \sum_{n=0}^{\infty} \frac{(-1)^n z^{2n+1}}{(2n+1)!},$$

$$\cos z = \frac{e^{iz} + e^{-iz}}{2} = \sum_{n=0}^{\infty} \frac{(-1)^n z^{2n}}{(2n)!}.$$

The exponential, sine, and cosine functions are real-valued for real arguments, and we have

$$e^{iz} = \cos z + i \sin z$$

for all z. Moreover, since the power series for the exponential function has real coefficients, $e^{\bar{z}} = \overline{e^z}$. It follows that

$$|e^z|^2 = e^z \overline{e^z} = e^{z + \bar{z}} = e^{2\mathrm{Re}\,z},$$

so $|e^z| = e^{\mathrm{Re}\,z}$, for all complex numbers z. In particular, $|e^{iy}| = 1$ for all real y.

The addition law for the exponential function yields the corresponding laws for sine and cosine,

$$\sin(z + w) = \sin z \cos w + \cos z \sin w,$$
$$\cos(z + w) = \cos z \cos w - \sin z \sin w.$$

In particular, $\sin^2 z + \cos^2 z = 1$ — the special case $w = -z$ of the second identity. One sees by computation that cos has a positive real zero; define π by letting $\pi/2$ be the smallest positive real zero of cos. We have $\cos(\pi/2) = 0$ and $\sin(\pi/2) = 1$. The identities now give

$$\sin(z + \pi/2) = \cos(z), \quad \cos(z + \pi/2) = -\sin(z).$$

Iterating these we find that cos and sin are 2π-periodic, so the exponential function is $2\pi i$-periodic. In particular we get the famous formulae

$$e^{2\pi i} = 1, \quad e^{\pi i} = -1.$$

[Roe, pp.8–9] より許可を得て，改変して転載.

entíre function：整関数（$\pm\infty$ 以外のすべての点で正則な関数），
in terms of：〜によって，term-by-term differentiation：項別微分，
argument (C)：変数, coefficíent (C)：係数, íterate（他動詞）：反復する,

periódic：周期的な

数学用語集 10（整数）

number theory (U)　数論

príme (C)　素数（の）

odd　奇数の

éven　偶数の

ínteger (C)　整数

squáre (C)　平方数（2^2, 3^2, 4^2 など）

dóuble (C)　2 倍した数

tríple (C)　3 倍した数

múltiple (C)　倍数

quótient (C)　商

fáctor (C)　約数

数学表現集

Collection of expressions

A.1 記号・用語を定義する

♪ <u>Let</u> $f(x) = x^2 - 1$.

訳：$f(x) = x^2 - 1$ とする.

♪ <u>Let</u> N <u>be</u> an integer less than 2.

訳：N を 2 より小さい整数とする.

♪ <u>Let</u> f <u>be</u> a continuous function defined on $[0, \infty)$.

訳：f を $[0, \infty)$ 上で定義された連続関数とする.

♪ We <u>define</u> the *diameter* of a non-empty subset A of $\mathbb{R}^n$ <u>to be</u> the greatest distance between any pair of points in A and write it as $|A|$.

訳：$\mathbb{R}^n$ の空でない部分集合 A の直径を, A に属する 2 点の最大距離と定義し, それを $|A|$ と書く.

♪ The closed ball of center x and radius r, $B(x, r)$ say, <u>is defined by</u> $B(x, r) = \{y : |y - x| \leq r\}$.

訳：中心 x, 半径 r の閉球 $B(x, r)$ を $B(x, r) = \{y : |y - x| \leq r\}$ で定義する.

♪ <u>Define</u> the function sgn <u>by</u> setting

$$
\mathrm{sgn}(x) = \left\{
\begin{array}{ll}
1, & x > 0, \\
0, & x = 0, \\
-1, & x < 0.
\end{array}
\right.
$$

訳：関数 sgn を ... と定義する.

♪ We <u>define</u> a_N <u>to be</u> the number of N–step walks on $\mathbb{Z}^2$ starting at the origin.

訳：a_N を $\mathbb{Z}^2$ 上の原点を出発点とする N 歩のウォークの数と定義する.

♪ <u>We define</u> $a_n = \displaystyle\sum_{k=1}^{n} b_k$.

訳：$a_n = \displaystyle\sum_{k=1}^{n} b_k$ と定義する.

♪ $[a, b)$ <u>denotes</u> the half-open interval $\{x : a \le x < b\}$.

訳：$[a, b)$ は半開区間 $\{x : a \le x < b\}$ を表す.

♪ Let c_N <u>denote</u> the number of N–step walks on the graph G.

訳：グラフ G 上の N 歩のウォークの数を c_N と表す.

♪ The integers <u>are denoted by</u> $\mathbb{Z}$.

訳：整数全体の集合を $\mathbb{Z}$ で表す.

♪ The residue of the function $f(z)$ at a <u>is denoted by</u> $Res(f, a)$.

訳：関数 $f(z)$ の a における留数を $\mathrm{Res}(f, a)$ と表す.

♪ We <u>write</u> $[a, b]$ <u>for</u> the closed interval $\{x : a \le x \le b\}$.

訳：閉区間 $\{x : a \le x \le b\}$ を $[a, b]$ と書く.

♪ The empty set <u>is written as</u> $\varnothing$.

訳：空集合を $\varnothing$ と書く.

♪ The set $\mathbb{R}^n \setminus A$ <u>is termed</u> the *complement* of A.

訳：集合 $\mathbb{R}^n \setminus A$ は A の補集合とよばれる.

♪ We <u>call</u> x and y the real part and the imaginary part of $x + iy$, respectively. [Falconer2]

訳：x と y をそれぞれ $x + iy$ の実部および虚部と言う.

♪ A series $\sum a_n$ <u>is said to be</u> *absolutely convergent* <u>if</u> $\sum |a_n|$ converges. (テキスト 5)

訳：級数 $\sum a_n$ が絶対収束するとは，$\sum |a_n|$ が収束することである．

A.2　～より…がわかる／導かれる

♪ Theorem 1 <u>shows that</u>（文・式）

訳：定理 1 は（文・式）であることを示している．→定理 1 から（文・式）で
　　あることがわかる．

♪ The Pythagorean theorem <u>implies that</u>（文・式）

訳：ピタゴラスの定理は（文・式）であることを意味する．→ピタゴラスの
　　定理から（文・式）であることがわかる．

♪ <u>By the extreme value theorem,</u> f has a maximum value somewhere in
　[a, b]. [Stewart]

訳：最大値・最小値の定理より f は [a, b] のどこかで最大値をとる．

♪ <u>By</u> Lemma 1, <u>we have/we obtain</u>（式）.

訳：補題 1 により（式）を得る．

♪ <u>From</u> Lemma 1, <u>we see that</u>（文・式）.

訳：補題 1 から（文・式）がわかる．

♪ It <u>follows from</u> Lemma 2 that（文・式）

訳：補題 2 から（文・式）が導かれる．

♪ The same reasoning as in Theorem 1 <u>leads to</u> the convergence theorem.

訳：定理 1 で用いたのと同じ論法が収束定理へと導く．→定理 1 で用いたの
　　と同じ論法で収束定理を得る．

A.3　～すると…を得る／示せる

♪ By applying Lemma 1, we obtain（式）

訳：補題 1 を用いると（式）を得る．

♪ By applying the mean value theorem to f on the interval [x_1, x_2], we obtain the existence of a number c such that $x_1 < c < x_2$ and

$$f(x_2) - f(x_1) = f'(c)(x_2 - x_1).$$

[Stewart]

訳：$[x_1, x_2]$ 上の f に対して平均値の定理を用いると，$x_1 < c < x_2$ で，（式）をみたす数 c の存在がわかる.

♪ Using subadditivity, one can show that $\{a_n\}$ converges.

訳：劣加法性 $(a_{n+m} \leq a_n + a_m)$ より，$\{a_n\}$ の収束が示せる.

♪ Using Perron-Frobenius theory, we can show the following:

訳：ペロン–フロベニウス理論より次のことが示せる.

♪ Multiplying (4.2) by 2, we obtain（式）.

訳：(4.2) を 2 倍すると（式）を得る.

♪ Substituting this into (2.1), we have（式）.

訳：これを (2.1) に代入すると（式）を得る.

♪ Substituting $u = \cos x$ (For the substitution $u = \cos x$/If we substitute $u = \cos x$), we have $du = -\sin x \, dx$.

訳：$u = \cos x$ を代入すると $du = -\sin x \, dx$ を得る.

♪ Taking the limit of both sides of this equality, we have（式）.

訳：この等式の両辺の極限をとると，（式）を得る.

♪ By setting $s = 1$, the conclusion of Proposition 3 follows.

訳：$s = 1$ とおくと，命題 3 の結論が出る.

♣ 以下は動名詞が主語の例.

♪ Combining (2.1) and (2.3) yields（式）.

訳：(2.1) 式と (2.3) 式を合わせると（式）を得る.

♪ Combining (1.1) with Lemma 2 yields（式）.

訳：(1.1) 式と補題 2 を合わせると（式）を得る.

♪ Taking the logarithms in (1.2) shows that（式・文）.

訳：(1.2) の両辺の対数（※単数形 logarithm でもよい）をとると（式・文）
　　となる.

♪ Taking the limit $n \to \infty$（※または the limit as n tends to infinity）and
　using (1) gives the desired result.

訳：$n \to \infty$ の極限をとり (1) を用いると，望む結果が得られる.

♪ Taking the infimum over $k \geq 1$ in (2.8) yields (2.9).

訳：(2.8) で $k \geq 1$ の範囲の下限をとると (2.9) を得る.

♪ Letting $R \to \infty$ in the upper bound leads to（式）.

訳：上からの評価式において $R \to \infty$ の極限をとると（式）を得る.

♪ Integration by parts gives (Integrating by parts, we obtain)

$$\int \log x \, dx = x \log x - \int x \frac{dx}{x}.$$

訳：部分積分によって（式）を得る.

A.4　定理・命題の書き方

♪ If f is continuous on $[a,b]$, then f is bounded on $[a,b]$.

訳：f が $[a,b]$ 上で連続ならば，$[a,b]$ 上で有界である.

　♣ If ..., then ∼. は標準的な書き方だが，それ以外にも様々な書き方が
　　ある.

♪ Suppose that f is continuous on $[a,b]$ and that $f(a) < 0 < f(b)$. Then
　there exists an x in $[a,b]$ such that $f(x) = 0$.

訳：f は $[a,b]$ 上で連続かつ $f(a) < 0 < f(b)$ とする. このとき，$[a,b]$ 内に
　　$f(x) = 0$ となる x が存在する.

♪ A polynomial of odd degree has a real zero.

訳：奇数次の多項式は実数の零点をもつ（※第2章, 不定冠詞の用法 C) 参照).

♪ The real numbers form a field.

訳：実数全体の集合は体をなす.

♪ Let f be C^1 on $[a,b]$. Then

$$\int_a^b f'(x)\,dx = f(b) - f(a).$$

訳：f は $[a,b]$ 上で C^1 級とする. このとき，（式）.

♪ **Law of large numbers**

Let $X_1, X_2, \ldots$ be independent identically distributed random variables with $E[|X_n|] < \infty$ for all n. Let m be the common value of $E[X_n]$. Write

$$S_n = X_1 + X_2 + \cdots + X_n.$$

Then $\dfrac{S_n}{n} \to m$, almost surely.

訳：大数の法則

$X_1, X_2, \ldots$ は独立同分布の確率変数で，すべての n に対して $E[|X_n|] < \infty$ であるとする. 共通の $E[X_n]$ の値を m とする.

$$S_n = X_1 + X_2 + \cdots + X_n$$

とおく（※ここまでが仮定）. このとき，ほとんど確実に（確率 1 で）$\dfrac{S_n}{n} \to m$ である.

♪ A function $f : \mathbb{R} \to \mathbb{R}$ is continuous if and only if the inverse image of every open set is open.

訳：関数 $f : \mathbb{R} \to \mathbb{R}$ が連続であることと，どの開集合も逆像が開集合であることは同値である.

A.5   証明する

- 背理法 (proof by contradiction)

  ♪ Suppose (to the contrary) that ...

訳：～と仮定する.

♪ ..., which is a contradiction.

訳：（直前に書いてあること）は矛盾である.

♪ This contradicts ....

訳：このことは…と矛盾する.

♪ This is a contradiction.

訳：このことは矛盾である.

● 証明の終わり

♪ This completes the proof.

訳：証明終.

♪ We have the desired result.

訳：望む結果が得られた.

● 帰納法

帰納法で

$$1^2 + 2^2 + \cdots + n^2 = \frac{1}{6}n(n+1)(2n+1) \tag{1}$$

を証明する.

♪ We prove formula (1) by induction. For $n = 1$, the left-hand side of (1) is 1 and the right-hand side is $\frac{1}{6} \cdot 2 \cdot 3 = 1$. Thus (1) holds for $n = 1$.

Next, we assume that (1) holds for some $k \in \mathbb{N}$:

$$1^2 + 2^2 + \cdots + k^2 = \frac{1}{6}k(k+1)(2k+1).$$

Using the induction hypothesis, we see that

$$1^2 + 2^2 + \cdots + k^2 + (k+1)^2 = \frac{1}{6}k(k+1)(2k+1) + (k+1)^2$$
$$= \frac{1}{6}(k+1)(k+2)(2k+3).$$

Thus (1) also holds for $k + 1$. This completes the proof.

訳：公式 (1) を帰納法で証明しよう．まず $n = 1$ のとき，左辺は 1，右辺は $\dfrac{1}{6} \cdot 2 \cdot 3 = 1$ となる．ゆえに，(1) は $n = 1$ に対して成り立つ．

次に，(1) が $n = k$ に対して成り立つこと，すなわち（式）を仮定する．帰納法の仮定より（式）がわかる．ゆえに，(1) は $k + 1$ に対しても成り立つ．証明終．

- $A \Longleftrightarrow B$ を示したいとき，$A \Longrightarrow B$ を示した後で，「逆に」$B \Longrightarrow A$ を示すとき．

  ♪ Conversely, assume that ....
  訳：逆に…と仮定しよう．

- イプシロンデルタ（2 通りの書き方例）

  ♠ $\lim\limits_{x \to a} f(x) = A$ の定義：

  ♪ For every number $\varepsilon > 0$ there is a number $\delta > 0$ such that if $0 < |x - a| < \delta$ then $|f(x) - A| < \varepsilon$.
  訳：どのような数 $\varepsilon > 0$ に対しても，ある数 $\delta > 0$ が存在して，$0 < |x - a| < \delta$ ならば $|f(x) - A| < \varepsilon$ となる．

  ♠ $\lim\limits_{n \to \infty} a_n = A$ の定義：

  ♪ For every number $\varepsilon > 0$ there exists m such that $|a_n - A| < \varepsilon$ for all $n \geq m$.
  訳：どのような数 $\varepsilon > 0$ に対しても，ある数 m が存在して，すべての $n \geq m$ に対して $|a_n - A| < \varepsilon$ となる．

A.6　その他の使える表現

♪ We divide the sum into two parts:

$$\sum_{n=1}^{N} a_n + \sum_{n=N+1}^{\infty} a_n.$$

訳：和を 2 つに分ける．

♪ We shall restrict our attention to random walks that start at the origin unless explicitly stated otherwise.

訳：特にことわらない限り，ランダムウォークは原点から出発するものとする．

♪ For simplicity, we write $\Phi_1(x)$ as $\Phi(x)$.

訳：簡単のため，$\Phi_1(x)$ を $\Phi(x)$ と書くことにする．

♪ Computer simulations have played an important role in formulating conjectures. [MS]

訳：コンピュータ・シミュレーションは予想を立てるのに重要な役割を果たしてきた．

♪ These properties play an essential role in our proofs.

訳：これらの性質はここでの証明において非常に重要な役割を果たす．

♪ Since f is continuous on $[a, b]$, it takes on its maximum and minimum values on that interval.

訳：f は $[a, b]$ で連続なので，この区間上で最大値と最小値をとる．

♪ The matrix S has an inverse, because its columns are assumed to be linearly independent.

訳：行列 S は逆行列をもつ．それは列ベクトルが線形独立であると仮定したからである．

- 否定文で any は否定辞（not, never など）の前に来ない．

  誤：Any of the eigenvalues are not equal to zero.

  正：None of the eigenvalues is equal to zero.

  訳：どの固有値も 0 ではない．

- ゆえに，よって　therefore, hence, thus, so, and（5.3 節参照）

- 同様に　similarly, in a similar fashion, in a similar manner

- 全く同じ方法で　in the same way

- しかしながら　howéver, neverthéless

- さらに moreóver, fúrthermore（米）/furthermóre（英）, in addition

- すなわち（すぐあとに説明を加えるとき） that is, i.e., namely（通常, namely の後には名詞（句）がくる）

- いいかえると，つまり in other words

- 実際（すぐあとに理由やより詳しい情報をのべる） in fact

- 定義より，仮定より，（n についての）帰納法により by definition, by assumption, by induction (on n)

  ♣ 何の定義か明確にするときは by the definition of S など.

- 〜するために in order to

  in order to prove the theorem その定理を証明するために

- 〜の場合は（the を落とさないこと）

  in the case of Brownian motion ブラウン運動の場合は

- 列挙するとき

  A, B, C および D：A, B, C(,) and D

  A, B, C または D：A, B, C(,) or D

Tough 構文

♪ Such "global" properties of a function are always significantly more difficult to prove than "local" properties.（テキスト 2）

この文と同じ構造をもつ次の文を見ていこう.

♪ This property is difficult to prove.
訳：この性質は証明するのが難しい.

主語は property, 述部の動詞は is で問題ないのだが, prove は他動詞なので目的語をとるはずである. ところが, 目的語であるべき this property が主語の位置にある．よく見ると「変な」構文である．このような「be 動詞 + 形容詞 + to 不定詞」の用法は，形容詞が難易を表す easy, difficult, hard, tough, impossible などの場合に見られ，**tough 構文**とよばれる．

♣ 比較：形式主語 it を使って表すと

　♪ It is difficult to prove this property.

　訳：この性質を証明することは難しい．

♣ Tough 構文の例：

　♪ The eigenvalues of the matrix M are easy to compute.

　訳：行列 M の固有値は計算するのが易しい．

　（♪ It is easy to compute the eigenvalues of the matrix M.

　　訳：行列 M の固有値を計算することは易しい．）

　♪ The problem is hard to solve.

　訳：その問題は解くのが難しい．

　（♪ It is hard to solve the problem.

　　訳：その問題を解くことは難しい．）

Since と because

原則としては

　since：すでに読者が知っていることを述べる

　because：理由を新情報として明確に述べる ［安藤，ロイヤル］

しかし，数学の本，論文を読むときは神経質になる必要はないだろう．because が多く使われる低学年向けの教科書は，まだ慣れていない人にも親切な書き方をしていることが感じられる．一方，since はもう少し上の学年向けの本や文献でよく使われる．専門的な本や論文では，これまでに示したことを土台に新しいことを積んで，さらにそれを土台に新しいことを積んで，と繰り返していくので，since が適切な場合

が多い．because と since の使い分けは著者によってもクセがあるので，興味ある読者は検索機能を使って調べてみたらいかがでしょう．

コラム：therefore, hence, それとも thus？

Kumiko: 証明や演習問題の解答を書くとき，「ゆえに」，「よって」，「したがって」などで次々つなげていきますよね．それに対応する語は "therefore", "hence", "thus" とかだと思うけど，David は証明を書くとき，意識して使い分けている？ それともほぼ同じかしら？ "So" は私には口語的な感じがするけど？

David: たいていは交換可能かな．私自身は，論文を書くときは，同じ形の文を繰り返すと読みにくくなるので同じ語が続かないように変えていると思う．ただ，この 3 つの語は全く同じというわけではなくて微妙な違いはあるので，ときにはある語がほかの語より適している場合がある．つまり，ネイティブだったらそれを選ぶだろうというのがある．Jerzy Trzeciak の書いた *Writing Mathematical Papers in English* はすぐれた本だと思うけれど，そこでは

hence = from this,

thus = in this way,

therefore = for this reason

と説明している．ちなみにこの本はおすすめ．あと "so" は，私だったら，Trzeciak の本にあるような使い方，つまり結論に達したときに "and so the proof is complete" とか "and so we have shown ..." の形で使うくらいかな．

K: ありがとう．私も同じ語が続かないように適当に変えてはいたけど，それでいいのかいつも不安だったんですよね．アメリカの物理学者グレン・パケットの『科学論文の英語用法百科』という日本語で書かれた本があって，それによると as a result の意味では "therefore", "hence", "thus" のどれも使えて，thus が必然性が一番強いとあるけど，数学の証明では，「必ずそうなる」ことだけでつないでいくわけだ

から，どれを使っても同じということかな．

D: はい，それでいいと思う．数学を書く場合は，どれを使ってもまちがいになったり誤解が生じたりするリスクはほとんどないでしょう．そういえば，若い数学者が論文に限らず数学に関する文章を書く助けになる本として，手元に Steven G. Krantz, *A Primer of Mathematical Writing* があったな．この本の書き方はけっこう気に入ってる．

註: 上で話題に出た本は「もっと勉強したい人向けの参考書」に挙げています．［パケット 1］pp.593–610 に，置き換え可能な場合，そうでない場合について詳しい解説がありますが，数学以外（おもに物理）の例文が多く，数学の証明に関しては気にする必要はないと思います．

数学用語集

Glossary

　数学で使われる場合に，可算名詞であるものは C，不可算名詞であるものは U で示した．*vt.* は他動詞（目的語を必要とする），*vi.* は自動詞，(that) は目的語として that 節もとれる他動詞を表す．形容詞 (adjective)，副詞 (adverb) であることをはっきりさせたい場合は，それぞれ *adj., adv.* と書いた．center/centre は center が米国式，centre が英国式であることを表す．アクセントも compléx/cómplex とある場合，最初が米国式（米英のアクセントの違いは https://dictionary.cambridge.org/ 参照）．

[A]

abélian group (C)　アーベル群（可換群）

absolúte válue (C)　絶対値

abstráct　抽象的な

add *vt.*　足す

addítion (U)　和をとること

　in addition　その上，さらに

　addition law, addition fórmula　（三角関数などの）加法定理

adjácent *adj.*　隣接した

affírmative　肯定の

affírmatively　肯定的に

　prove affirmatively　（予想などが）正しいことを証明する

álgebra (U)　代数学／(C)　代数，多元環，有限加法族

algebráic　代数学の

análysis (U)　解析，解析学

analýtic　解析的な

　analytic function　解析関数

applicátion (U/C)　応用

applý *vt.*　適用する（to　〜に）

appróach (C)　方法，*vt.*　取り組む

árbitrarily　任意に

árbitrary　任意の

área (C)　面積，分野

árgument (C)　（複素数の）偏角，独立変数，論証，論拠

arithmétical operátion (C)　算術（四則）演算

assértion (C)　主張

assóciate ... with 〜　…を〜と関係づける

assóciative law　結合法則

assúme (that) *vt.*　仮定する

áxis (C)　軸（複数形：áxes）

[B]

ball (C)　球

báse (C)　基（位相空間論），（対数の）底

　open base　開基

básis (C) 基底（複数形：báses）

because of ～のために（原因・理由）

behávior/beháviour (U) 振舞い

belóng to ～に属する

bijéction (one-to-one correspondence) (C) 全単射（1対1対応）

bínary 二項の，2進法の

　binary operation (C) 二項演算

bóundary (C) 境界

bóunded 有界な

　bounded above/below 上に／下に有界な

[C]

cálculate vt. 計算する

calculátion (C/U) 計算

cálculus (U) 微分積分（学）

cardinálity (C) （集合の）濃度

cénter/céntre (C) 中心

chápter (C) （本の）章

círcle (C) 円

clósed set (C) 閉集合

clósure (C) 閉包

coefficíent (C) 係数

colléction (C) 集まり

　colléction of sets (C) 集合族（集合の集合）

cólumn (C) （行列の）列

combinátion (C/U) 組み合わせ

combíne vt. 結合する，組み合わせる

cómmon adj. 共通の（to ～と）

commútative law 交換法則

cómpact コンパクトな

　compact set コンパクト集合

compensátion (U/C) 埋め合わせ（るもの）

cómplement (C) 補集合

compléx/cómplex 複素数の

　compléx number (C) 複素数

　complex plane (C) 複素平面

complex analysis (U) 複素解析

cómplicated 複雑な

compónent (C) （行列・ベクトルの）成分

compóse vt. ～を構成する

composítion (U) （関数などの）合成／(C) 合成関数

computátion (U/C) 計算

compúte vt., vi. 計算する

concérn vt. ～に関係する

　as far as ～ is concerned ～に関するかぎりは

conclúde (that) vt. 結論する

conclúsion (C) 結論

condítion (C) 条件

cóngruence (U) 合同

　cóngruence módulo n n を法とする合同

cóngruent 合同な

　congruent módulo n n を法として合同な

conjécture (C) 予想

cónjugate 共役な

connécted adj. 連結な

cónsequence (C) 結論，帰結

cónsequently その結果，したがって

consíder vt. ～を考える，～を…とみなす

consíst of ～からなる，～によって構成される

cónstant (C) 定数／adj. 定数の

contáin vt. ～を含む

continúity (U) 連続性

contínuous 連続な

contradíction 矛盾

　proof by contradiction 背理法

convérge vi. 収束する

convérgence (U) 収束，

　absolúte convérgence 絶対収束

　órdinary convergence （普通の）収束

convérgent adj. 収束する

absolutely convergent　絶対収束する

cónverse (C)　（定理の）逆, *adj.*　逆の

convérsely　逆に

coórdinate (C)　座標

　　coórdinate form　座標表示

　　coórdinate axis　座標軸

córollary/coróllary (C)　（定理の）系

　　corollary to Theorem 1　定理 1 の系

correspónd to　〜に対応する

correspóndingly　それに応じて

cóuntable　可算の

　　cóuntable set　可算集合

　　countably many　可算個の

cóver *vt.*　覆う

crúcial　非常に重要な

cúbe (C)　立方体

cúbic　立方体の, 3 次の

cúrve (C)　曲線

cýclic group of order *n*　位数 *n* の巡回群

[D]

decréase *vt., vi.*　減少する, 減る

　　decreasing function　減少関数

décrease (U)　減少

dedúce (that)　演繹する, 導く

defíne *vt.*　定義する

denóminator (C)　分母

dénse　稠密（ちゅうみつ）な

dénsity (U/C)　密度

denóte *vt.*　示す, 意味する

depénd *vi.*　よる, 依存する (on　〜に)

depéndent *adj.*　依存した (on　〜に)

derívative (C)　導関数

　　pártial derivative　偏導関数

descríbe *vt.*　述べる

destróy *vt.*　破壊する

detérminant (C)　行列式

devóted to　〜に捧げる, 〜について述べる

diágonal (C)　対角線／*adj.*　対角線の, 対角線上の

　　off-diágonal *adj.*　対角線上にない

diágonalizable/diágonalisable　対角化可能な

　　non-diágonalizable/non-diágonalisable　対角化不可能な

diagonalizátion/diagonalisátion　(U)　対角化

diágonalize/diágonalise *vt.*　対角化する

diámeter (C)　直径

díffer *vi.*　異なる（from　〜と）

dífference (C)　差, 差集合

dífferent *adj.*　異なる (from　〜と)

differéntiable　微分可能な

　　pártially differentiable　偏微分可能な

differéntial　微分の

　　differential equation (C)　微分方程式

　　differential géometry (U)　微分幾何学

differéntiate *vt.*　微分する

differentiátion (U)　微分（すること）, 微分法

diménsion (C)　次元

disc (C)　円板

discontinúity (U)　不連続性／(C)　不連続点

discúss *vt.*　議論する

dispróve *vt.*　〜の反証を挙げる

dístance (C)　距離

　　the Euclídean dístance　ユークリッド距離

distínct *adj.*　相異なる

distínction (C)　区別

divérge *vi.*　発散する

divérgent *adj.*　発散する

divíde *vt.*　割る, 割り切る

divísion (U)　割ること

divísor (C)　約数

the greatest common divisor　最大公約数

domáin (C)　定義域，領域

dóuble (C)　2 倍した数

[E]

éigenvalue (C)［アイゲンヴァリュー］固有値

éigenvector (C)　固有ベクトル

élement (C)　（集合の）要素，元，（行列の）成分

ellípse (C)　楕円

émpty　（集合が）空の

empty set　空集合

enáble vt.　（～に…することを［to 不定詞]）可能にさせる

ensúre (that) vt.　保証する

équal vt.　～に等しい／adj.　等しい(to ～に)

equálity (C)　等式

equátion (C)　等式，方程式

línear equátion　1 次方程式

quadrátic equation　2 次方程式

cúbic equation　3 次方程式

equípped adj.　備わった（with ～が）

equívalence (U)　同値

equívalence class (C)　同値類

equívalence relation (C)　同値関係

equívalent　同値な

equívalently　同値な言いかえをすれば

estáblish vt.　確立する

eváluate vt.　値を求める

evaluátion (U/C)　値を求めること，評価

éven　偶数の

even number　偶数

even function　偶関数

exceed vt.　～を越える，上回る

exíst vi.　存在する

exístence (U)　存在

explícit　陽（あらわ）な

explicit function　陽関数

explícitly　陽に

exponéntial　指数の

exposítion (C)　解説

expréssion (C)　表式

[F]

fáctor (C)　因数，約数／vt.　因数分解する (into)

factorizátion/factorisátion (U)　因数分解

fáil vi.　うまくいかない，～することが［to 不定詞］できない

fálse　偽の

fíeld (C)　体，場

fígure (C)　図，図形

find (that) vt.　わかる，見つける

fínite　有限の

fínite set　有限集合

fínitely many　有限個の

fóllow vi.　結果として～になる

fórmula（複数形：formulas, formulae）(C)　式，公式，

Euler's formula　オイラーの公式

fórmulate vt.　述べる，定式化する

fráctal (C)　フラクタル，自己相似図形

fráction (C)　分数

fráctional　分数の

fúnction (C)　関数

trigonométric function　三角関数

exponéntial function　指数関数

logaríthmic function　対数関数

régular function　正則関数

entíre function　整関数

fúrthermore/furthermóre　さらに

[G]

generalizátion/generalisátion　(U/C)　一般化（したもの）

géneralize/géneralise vt.　一般化する

geométric　幾何学の

geómetry (U)　幾何学

glóbal　大域的な

group (C)　群

　　form a group　群をなす

[H]

hénce　ゆえに

hóld *vi.*　成り立つ

horizóntal　水平な

howéver　しかしながら

hypérbola (C)　双曲線

hyperbólic　双曲線の

hypóthesis（複数形：hypótheses）(C)　仮定

[I]

idéntical　同一の

identificátion (U)　同一視

idéntify A with B　A を B と同一視する

idéntity (C)　等式，単位元

　　identity mapping (C)　恒等写像

i.e. (id est)　すなわち

if and only if (iff)　同値である

íllustrate *vt.*　説明する，挿絵を入れる

ímage (C)　（写像の）像

　　inverse image　逆像

imáginary　虚数の

　　imaginary part　（複素数の）虚部

implícit　陰（いん）の

　　implicit function　陰関数

implý (that) *vt.*　意味する

incréase *vt. vi.*　増加する，増す

　　increasing sequence　増加列

　　non-increasing sequence　非増加列

íncrease (U)　増加

indepéndent *adj.*　依存しない（of ～に），独立な（of ～と）

　　indepéndent idéntically distríbuted

独立同分布の

indúction (U)　帰納法

　　by induction　帰納法より

indúctive　帰納法の

inequálity (C)　不等式

infímum/ínfimum (C)　下限

ínfinite　無限の

　　ínfinite set　無限集合

ínfinitely　無限に

　　infinitely many　無限個の

infínity (U/C)　無限，無限大

injéction (one-to-one function) (C)　単射

ínner product (C)　内積

instéad of ～ing　～する代わりに

ínteger (C)　整数

íntegrable　積分可能な

íntegral (C)　積分

　　définite integral　定積分

　　indéfinite integral　不定積分

íntegrand (C)　被積分関数

íntegrate *vt.*　積分する

integrátion (U)　積分法

　　integration by parts　部分積分

intérior (C)　（集合の）内部

intermédiate　中間の

interséct *vt.*　交わる

interséction (C)　共通部分

ínterval (C)　区間

　　open interval　開区間

　　closed interval　閉区間

　　hálf-ópen interval　半開区間

intúitively　直観的に

inváriant　不変な

ínverse (C)　*adj.*　逆，逆数（の），逆関数（の），逆元，（主張の）裏

　　inverse function　逆関数

　　inverse matrix　逆行列

　　inverse image　逆像

invólve *vt.*　含む

irrátional　無理数の

irrátional number　無理数

íterate *vt.*　反復する，繰り返す

[J]

juxtaposítion (U/C)　並置（隣に置く
こと）

[K]

know (that) *vt.*　知る，わかる

[L]

lead to　（〜という結果へ）導く

lémma (C)　補題

léngth (C)　長さ

létter (C)　（表音）文字

　　cápital letter　大文字

　　lower case letter　小文字

　　upper case letter　大文字

líne (C)　直線

　　líne ségment (C)　線分

línear　1次の，線形の

　　linear álgebra　線形代数

　　linear equation 1次方程式

　　linear transformátion　線形変換

lineárity (U)　線形性

　　by linearity　線形性より

linearly indepéndent　線形独立な（1次
独立な）

lócal　局所的な

lógarithm (C)　対数

logaríthmic　対数の

[M]

map *vt.*　（写像で）写す

mapping (C)　写像

mátrix（複数形：matrices）(C)　行列

　　diágonal matrix　対角行列

　　Hermítian matrix　エルミート行列

　　ínverse matrix　逆行列

　　invértible/régular matrix　正則行列

Jacóbian matrix　ヤコビ行列

orthógonal matrix　直交行列

síngular matrix　非正則行列

squáre matrix　正方行列

symmétric matrix　対称行列

transpósed matrix　転置行列

unit matrix/idéntity matrix　単位
行列

únitary matrix　ユニタリ行列

máximum (value) (C)　最大値

　　lócal maximum (value)　極大値

mean (that) *vt.*　意味する，(C)　平均値

mémber (C)　（集合の）要素，元

méntion *vt.*　〜について書く，言及する

métric (C)　距離

　　the Euclidean métric　ユークリッド
距離

　　metric space　距離空間

mínimum (value)　最小値

　　local minimum (value)　極小値

mónotone　単調な

moreóver　さらに

múltiple (C)　倍数，*adj.*　多重の

　　the least common multiple　最小公
倍数

　　multiple integral　重積分

multiplicátion (U)　積をとること

múltiply *vt.*　かける

[N]

námely　すなわち

nátural　自然数の

　　nátural number　自然数

nécessary　必要な

　　necessary condition　必要条件

négative　負の

néighborhood/néighbourhood　(C)
近傍

　　neighborhood/neighbourhood sys-
tem　近傍系

non-émpty　（集合が）空でない

nonzéro　ゼロでない

norm (C)　ノルム

notátion (C)　〔集合名詞〕表記法（複数形をとらない）

nótice, note (that) *vt.*　注意する・気づく

nótion (C)　概念, 考え

númerator (C)　（分数の）分子

[O]

obsérve (that) *vt.*　気づく

occúr *vi.*　現れる, 起こる

odd　奇数の

　odd function　奇関数

　odd number　奇数

órigin (C)　原点

operátion (C)　操作, 演算

　bínary operation　二項演算

orthógonal　直交した

orthonórmal basis (C)　正規直交基底

óuter product/vector product (C)　外積（ベクトル積）

[P]

parábola (C)　放物線

parabólic　放物線の

párallel　平行な

parallélogram (C)　平行四辺形

　parallelogram theorem　中線定理

periódic　周期的な

permutátion (C)　順列, 置換

perpendícular　垂直な

pláne (C)　平面

polynómial (C)　多項式

　polynomial of degrée m　m 次多項式

　characterístic polynomial　特性（固有）多項式

pósitive　正の

pówer (C)　累乗, 指数

　power series　べき級数（整級数）

the n-th power of ～　～の n 乗

pre-ímage (C)　原像

príme (C) *adj.*　素数（の）

prímitive (C)　原始関数

probabílity (U)　確率

prodúce *vt.*　生じさせる, もたらす

próduct (C)　積

próof (C)　証明

próperty (C)　性質

proposítion (C)　命題

próve (that) *vt.*　証明する

províded (that)　もし～とすれば

[Q]

quadrátic　2 次の

quántity (C)　量

quótient (C)　商

[R]

rádius（複数 rádii）(C)　半径

　radius of convergence　収束半径

rándom　ランダムな

　rándom váriable　確率変数

ránge (C)　値域

　ránge over　～をくまなく動く

rátional　有理数の

　rátional number　有理数

réal　実数の

　réal number　実数

　real part　（複素数の）実部

réalize *vt.*　はっきり理解する

recáll (that) *vt.*　思い出す

recíprocal (C)　逆数, 逆の

réctangle (C)　長方形

redúce *vt.*　還元する（～を；to　～に）

refér to　～に言及する, ～を用いる

refér to ... as ～　…を～とよぶ

refléxive law　反射律

regárd ... as ～　…を～とみなす

régular　正則な

reláte *vt.*　関係づける

reláted *adj.*　関係した

relátion (U/C)　関係

remáinder ［リメインダ］(C)　剰余

repláce *vt.*　置き換える（by　〜で）

represént *vt.*　意味する，表す

résidue (C)　留数，剰余

　residue class　剰余類

respéctively *adv.*　それぞれ

resúlt (C)　結果

　as a result　その結果

ring (C)　環

root (C)　根（こん）

row (C)　（行列の）行

[S]

same　同じ，同様な（as　〜と）

sátisfy *vt.*　〜をみたす

scálar ［スケイラ］(C)　スカラー（の）

　scalar product　内積

　scalar field　スカラー場

see (that) *vt.*　わかる

self-adjóint　自己共役な

séquence (C)　（数）列

　sequence of numbers　数列

　sequence of functions　関数列

　decréasing sequence　減少列

　incréasing sequence　増加列

　non-decréasing sequence　非減少列

séries（複数形も series）(C)　級数

　álternating series　交代級数

set (C)　集合

　émpty set　空集合

　non-empty set　空でない集合

　open set　開集合

　closed set　閉集合

show (that) *vt.*　示す

síde (C)　（式の）辺, (三角形などの）辺

　right-hand side　右辺

　left-hand side　左辺

　both sides　両辺

side length　一辺の長さ

signíficant　重要な

símilar　よく似た，相似の（to　〜と）

　in a similar fáshion　同様に

　in a similar mánner　同様に

símilarly　同様に

síngular　正則でない

solútion (C)　解

sólve *vt.*　解く

spáce (C)　空間

　Euclídean space　ユークリッド空間

spán *vt.*　（ベクトルなどが）張る

sphére (C)　球面

squáre (C)　正方形, 平方数 $(2^2, 3^2, 4^2$
など), *vt.*　2 乗する

　square root (C)　平方根

státe (that) *vt.*　述べる

súbsequence (C)　部分列

súbset (C)　部分集合

súbstitute *vt.*　置き換える，代入する

substitútion (U)　置換

subtráct *vt.*　引く

subtráction (U)　差をとること

suffíce *vt. vi.*　十分である

suffícient　十分な

　sufficient condition　十分条件

sum (C)　和

súmmarize *vt.*　要約する

summátion (C/U)　和（をとること）

súperscript (C)　上付き添字

suppórt *vt.*　支持する

suppóse (that)　仮定する

　Suppose (that)　〜とせよ

surpáss ... by 〜　…を〜だけ上回る

suprémum (C)　上限

súrface (C)　面

surjéction (onto function) (C)　全射

symmétric　対称な

　symmetric law　対称律

　symmetric group　対称群

sýmmetry (U)　対称性

　by symmetry　対称性によって

[T]

take (on)　（値を）とる

tángent (C)　接線，タンジェント

term (C)　（専門）用語，（数式の）項，
　vt. 〜を…とよぶ

　in terms of　〜によって

　term-by-term　項別の

that is　すなわち

théorem (C)　定理

　the mean value theorem　平均値の
　定理

　the intermediate value theorem　中
　間値の定理

théory (U)　理論，〜論

　number theory　数論

　probability theory　確率論

　set theory　集合論

thérefore　その結果, この理由で, ゆえに

thus　このように, ゆえに

topológical space (C)　位相空間

topólogy (C/U)　位相, トポロジー

　discréte topology (C)　離散位相

　indiscréte topology (C)　密着位相

transformátion (C)　変換

tránsitive law, transitívity　推移律（移
　動律）

tríangle (C)　三角形

　the tríangle inequálity　三角不等式

trigonométric　三角関数の

tríple (C)　3倍した数

true　真の

[U]

úniform　一様な

　uniform continuity　一様連続性

　úniformly continuous　一様連続な

　uniformly convergent　一様収束する

únion (C)　和集合

uníque　唯一の，一意的な

uníquely　一意的に

uníqueness (U)　一意性

[V]

válid　有効な

válue (C)　値

váriable (C)　変数

véctor (C)　ベクトル

　vector field　ベクトル場

　véctor space　ベクトル空間

vérify (that) *vt.*　証明する

vértical　鉛直な

vólume (C)　体積

[Y]

yíeld　*vt.* （〜という）結果をだす

[Z]

zéro (C)　ゼロ，零点（関数の値が0を
　とる点）

英語のプレゼンテーションのヒント

Tips for English presentation

　プレゼンテーションに関しては多くの本が出版されているので，ここでは筆者の経験から気づいたことを挙げる.

1. 話の構成:「イントロ・本体・まとめ」の構造が重要

- イントロ

　　イントロで，話全体の内容を予告する．キーワードをつないで<u>ひとつのストーリーになるように</u>しよう．聴衆に聞いてもらうには，タイトルとイントロで聴衆の興味を惹くこと！

- 本体
  - ・ひとつの段落でひとつの内容にしぼる．段落が変わるごとに，<u>前の段落とのつながりを述べて</u>スムーズにつなぐ.
  - ・詰め込みすぎない．おもなトピックは 2〜3 に絞る.

- 最後にまとめを←これを入れるのを忘れないで！　聴衆は忘れやすいので，まとめで「一番言いたかったこと」を聞く人の記憶に定着させる．質疑応答の間もまとめのページを出しておく.

2. プロジェクターを使う場合:多すぎない！　引用は礼儀
　以下，聴衆に見せるページをスライドとよぶ.

- キーワードをすべてスライドに書いておく．話と同じ順にしておくことが重要である.
  　→聴衆もついてきやすいし，自分も書いてある順に話していけばいいので聴衆の前で上がっても安心（原稿の代わりに，スライドのコピー

（縮小して 1 ページに 4 枚くらい）にメモを書きこんだものを手元に
もっていると便利）．

　多少聞き逃した人も，スライドを見れば話についていけるような配
慮を．

- スライドは 1 分 1 枚が標準（図などで多少のずれはあり）．それに合わ
せると自然と発表内容がちょうどいい量になる．

- スライドの切り替えは早すぎないよう気を付けよう．
　次のスライド内容をひとこと予告してから，切り替えるのが理想で
ある．

- 人の研究に言及するときや，図をネットや本から借りて来たときは，<u>必
ず引用する</u>．

3. 発表の時に気を付けること

- 聴衆のほうに視線を向け，「話しかける」．

- 話すときは，緩急，間が重要（聴衆の反応を確かめながら）．
　だいじなところはゆっくり．だいじなことを言った後は聴衆に浸み
込むように適度な間をおく．

4. 英語で話す場合の追加注意

- 日本語なまりで聞き取りにくいかもしれないので，**ゆっくりはっきり
話す**（早口の人が英語がうまいとは限らない）．少なくとも各単語の第
1 アクセントをはっきりさせることは必要である．

- それでも正確に伝わるとは限らないので，スライドを使うときはスラ
イドに重要なこと（キーワード）をすべて書いておくとよい．

- 英語だと，話している途中でことばがうかんでこなくて長い空白がで
きてしまうことがある（わざと間をあけるのとは別）．（原稿通りやら
ないにしても）原稿を書いて英語の表現を準備しておくことを勧める．

5. 練習・練習・練習！

　一人リハーサルでも十分効果はあるが，誰かに聞いてもらうともっとよい．時間を測って，規定時間に収まるようにする.

演習問題解答例

1.5 節

1–3 はテキストからそのままとってきたものである.

4. Let f be <u>a</u> bounded function on $[0, 1]$.

「$[0,1]$ 上で定義された有界関数の集合」のひとつの要素という意味なので冠詞は a, 区間上の性質だから前置詞は on を用いる.

5. The function $f(x) = \sin x$ is bounded on $\mathbb{R}$, that is, there is a positive number M such that $|f(x)| \leq M$ for all $x \in \mathbb{R}$.

... bounded on $\mathbb{R}$. That is, there is ... と 2 文に分けてもよい. 後半は存在文である.

6. If f is continuous on $[a, b]$ and differentiable on (a, b), then there is [exists] a [some] point c in (a, b) such that

$$f'(c) = \frac{f(b) - f(a)}{b - a}.$$

[ ] 内の語とおきかえてもよい. then のあとは存在文.
文が数式で終わるときには最後にピリオドをつける.

2.6 節

(1) This chapter is devoted to $\boxed{\times}$ three theorems (初出.「定理」の集合の中からまだ読者の知らない 3 つ) about continuous functions, and some of their consequences. $\boxed{\text{The}}$ proofs (「3 つの定理の」と特定されるから) of $\boxed{\text{the}}$ three theorems themselves (既出. 1 行目で言及したのと同じ定理) will not be given until $\boxed{\text{the}}$ next chapter (本章の次だから特定される), for reasons which are explained at $\boxed{\text{the}}$ end (「本章の終わり」と特定) of $\boxed{\times}$ this chapter (this と冠詞は同時にはつかない).

(2) Geometrically, this means that $\boxed{\text{the}}$ graph (関数ごとに特定される) of $\boxed{\text{a}}$ continuous function (どの連続関数でもよい) which starts below the horizontal axis and ends above it must cross this axis at some point.

(3) If f is continuous on $[a, b]$, then f is bounded above on $[a, b]$, that is, there is some number N such that $f(x) \leq N$ for all $\boxed{\times}$ x in $[a, b]$. (1.3 節の囲み「すべての〜に対して」参照)

(4) These three theorems differ markedly from the theorems of Chapter 6. $\boxed{\text{The}}$

hypotheses（すぐ後の of those theorems によって特定）of those theorems always involved continuity at $\boxed{\text{a}}$ single point, while $\boxed{\text{the}}$ hypotheses of $\boxed{\text{the}}$ present theorems（ここで述べている特定の 3 つの定理）require $\boxed{\times}$ continuity（「連続性」は不可算名詞）on a whole interval $[a, b]$ — if $\boxed{\times}$ continuity fails to hold at $\boxed{\text{a}}$ single point（どこでもかまわないがたった 1 点において），$\boxed{\text{the}}$ conclusions may fail. For example, let f be $\boxed{\text{the}}$ function（すぐ下に具体的に与えられているので特定）

$$f(x) = \begin{cases} -1, & 0 \le x < \sqrt{2}, \\ 1, & \sqrt{2} \le x \le 2. \end{cases}$$

Then f is continuous at $\boxed{\times}$ every point（every と冠詞は同時につかない）of $[0, 2]$ except $\sqrt{2}$, and $f(0) < 0 < f(2)$, but there is no point x in $[0, 2]$ such that $f(x) = 0$; $\boxed{\text{the}}$ discontinuity（「$\sqrt{2}$ における不連続性」と特定）at $\boxed{\text{the}}$ single point $\sqrt{2}$（特定）is sufficient to destroy $\boxed{\text{the}}$ conclusion of Theorem 1.

(5) This example also shows that $\boxed{\text{the}}$ closed interval $[a, b]$（定理 2 の中の区間だから特定）in $\boxed{\times}$ Theorem 2（番号のついた定理）cannot be replaced by $\boxed{\text{the}}$ open interval (a, b)（$[a, b]$ から端点を取り除いたものだから特定）.

(6) As a compensation for $\boxed{\text{the}}$ stringency of $\boxed{\text{the}}$ hypotheses of our three theorems, the conclusions are of $\boxed{\text{a}}$ totally different order（「何らかの異なる種類の」）than those of previous theorems. They describe $\boxed{\text{the}}$ behavior（「ある関数のふるまい」と特定）of a function, not just near a point, but on a whole interval; such "global" properties of a function are always significantly more difficult to prove than "local" properties, and are correspondingly of much greater power. To illustrate $\boxed{\text{the}}$ usefulness of $\boxed{\times}$ Theorems 1, 2, and 3, we will soon deduce some important consequences, but it will help to first mention some simple generalizations of these theorems.

2.7 節

1 はテキスト中（also は不要）．p.31 の解説も参照．

2. Theorem<u>s</u> 4 and 5 show that f can take (on) any value [all the values] between $f(a)$ and $f(b)$.

   Theorems と複数形になっていることに注意．any value の代わりに all the values でもよい．

3. If f is a continuous function defined on a closed interval $[a, b]$, then f takes on its maximum and minimum values on $[a, b]$.

   x が $[a, b]$ を動くときの最大値・最小値なので on $[a, b]$.
   「最大値と最小値」は次のようにつなげて，a [its] maximum value and a [its] minimum value としてもよい．このとき value の単複に注意．
   最大値・最小値の条件をみたすものがあるかどうかが問題になっているので its の代わりに冠詞を使うなら a である．"takes on" の代わりに "has" でもよい．

4. If f is a continuous function defined on a closed interval $[a, b]$ and $f(b) < 0 < f(a)$, then the equation $f(x) = 0$ has a solution in the open interval (a, b).

    defined は define（定義する）の過去分詞で function を修飾し，「定義された関数」の意味．

    a closed interval $[a, b]$ は「閉区間の集合」のあるひとつの要素なので不定冠詞だが，the open interval (a, b) は上と同じ閉集合から両端を取り除いた特定の開集合なので定冠詞（そうでなければ中間値の定理にならない！）．

5. The function $f(x) = x^2$ is bounded below on $(-\infty, +\infty)$, while the function $g(x) = x^3$ is bounded <u>neither</u> above <u>nor</u> below on $(-\infty, +\infty)$.

3.4 節

1. As another example, consider the integral

$$\int \sqrt{1 - x^2}\, dx.$$

In this case, instead of replacing a complicated expression by a simpler one, we replace x by $\sin u$, because $\sqrt{1 - \sin^2 u} = \cos u$. Let

$$x = \sin u, \quad dx = \cos u\, du.$$

Then the integral becomes

$$\int \sqrt{1 - \sin^2 u}\, \cos u\, du = \int \cos^2 u\, du.$$

To evaluate this integral, we use the formula

$$\cos^2 u = \frac{1 + \cos 2u}{2},$$

which yields

$$\int \cos^2 u\, du = \int \frac{1 + \cos 2u}{2}\, du = \frac{u}{2} + \frac{\sin 2u}{4}.$$

Hence we obtain

$$\begin{aligned}
\int \sqrt{1 - x^2}\, dx &= \frac{\arcsin x}{2} + \frac{\sin(2\arcsin x)}{4} \\
&= \frac{\arcsin x}{2} + \frac{1}{2}\sin(\arcsin x) \cdot \cos(\arcsin x) \\
&= \frac{\arcsin x}{2} + \frac{1}{2}x\sqrt{1 - x^2},
\end{aligned}$$

which gives the desired integral.

- 文は大文字で始める．

- 別の例として：As another example
  「別の」：単数のときは another example，複数なら other examples. the other example は最初から 2 つしかないうちのもうひとつ（比較：for example 例えば）.

- integral（積分（の値））と integration（積分法）の違いに注意.

- by a simpler one の one はその前の expression を表す. 一般に one は不定冠詞のついた名詞の代わりになる（定冠詞のついた名詞は that, those で置き換えられる）.

- expression は可算名詞. 一般の「複雑な表式」を表すので <u>a</u> complicated expression.

- 数式も文の一部なので文が数式で終わるときはピリオドをつける.

- 日本語では「$\sqrt{1-\sin^2 u} = \cos u$ となるからである.」とあるが，英語では "Because $\sqrt{1-\sin^2 u} = \cos u$." だけでは文にならない. 前の文とつなげるとよい.

- which gives the desired integral（これで求める積分が得られた）で締めてみた. which の前のコンマは必要である.

2. (1) which, that　両方可.

   (2) which　「前置詞＋関係代名詞」の形では **that** は使えない.

   (3) which　**that** は非制限用法には使えない.

   (4) which　式 $-f(x) = -c$ を先行詞として，means の主語になる. 関係副詞 where は主語にはなれない.

   (5) where　「直前の式において」(in which) の意味で場所を示すので where.

   (6) such that　「すべての n に対して $|a_n| < N$ が成り立つような」正の数 N という意味で，名詞を修飾できるのは such that で始まる節である.

3. This chapter is devoted $\boxed{\text{to}}$ three theorems about continuous functions, and some $\boxed{\text{of}}$ their consequences. The proofs $\boxed{\text{of}}$ the three theorems themselves will not be given until the next chapter, for reasons which are explained $\boxed{\text{at}}$ the end of this chapter.

   devote to　～を扱う

   Theorem 1.
   　If f is continuous $\boxed{\text{on}}$ $[a,b]$ and $f(a) < 0 < f(b)$, then there is some x $\boxed{\text{in}}$ $[a,b]$ such that $f(x) = 0$.

   1.3 節の囲み「前置詞の使い分け」参照.

   (Geometrically, this means that the graph $\boxed{\text{of}}$ a continuous function which starts below the horizontal axis and ends $\boxed{\text{above}}$ it must cross this axis $\boxed{\text{at}}$ some point.)

   above は「上方に」（接していない）. 接して上にある場合は on.

Theorem 2.

If f is continuous on $[a, b]$, then f is bounded above $\boxed{\text{on}}$ $[a, b]$, that is, there is some number N such that $f(x) \leq N$ $\boxed{\text{for}}$ all x $\boxed{\text{in}}$ $[a, b]$.

1.3 節の囲み「すべての〜に対して」参照.

(Geometrically, this theorem means that the graph of f lies below some line parallel $\boxed{\text{to}}$ the horizontal axis.)

These three theorems differ markedly $\boxed{\text{from}}$ the theorems of Chapter 6.

parallel to : 〜に平行な, differ from : 〜と異なる.

As a compensation $\boxed{\text{for}}$ the stringency $\boxed{\text{of}}$ the hypotheses $\boxed{\text{of}}$ our theorems, the conclusions are of a totally different order than those of previous theorems.

Let $g = f - c$. Then g is continuous, and $g(a) < 0 < g(b)$. $\boxed{\text{By}}$ Theorem 1, there is some x $\boxed{\text{in}}$ $[a, b]$ such that $g(x) = 0$. But this means that $f(x) = c$.

4.6 節

1. To find the eigenvalues of the matrix A, we solve the equation

$$\det(A - \lambda I) = 0. \tag{1}$$

Since

$$\det(A - \lambda I) = (-\lambda)(1 - \lambda) - 2 = \lambda^2 - \lambda - 2,$$

(1) becomes

$$(\lambda - 2)(\lambda + 1) = 0,$$

which gives $\lambda = 2, -1$.

The eigenvector corresponding to $\lambda = 2$ can be obtained by solving

$$(A - 2I)\mathbf{x} = \mathbf{0},$$

namely,

$$\begin{bmatrix} 0 - 2 & 2 \\ 1 & 1 - 2 \end{bmatrix} \begin{bmatrix} x \\ y \end{bmatrix} = \begin{bmatrix} 0 \\ 0 \end{bmatrix},$$

which has as a solution

$$\begin{bmatrix} x \\ y \end{bmatrix} = \begin{bmatrix} 1 \\ 1 \end{bmatrix}.$$

The eigenvector corresponding to $\lambda = -1$ can be obtained by solving

$$(A + I)\mathbf{x} = \mathbf{0},$$

namely,

$$\begin{bmatrix} 1 & 2 \\ 1 & 2 \end{bmatrix} \begin{bmatrix} x \\ y \end{bmatrix} = \begin{bmatrix} 0 \\ 0 \end{bmatrix},$$

which has as a solution

$$\begin{bmatrix} x \\ y \end{bmatrix} = \begin{bmatrix} -2 \\ 1 \end{bmatrix}.$$

Thus A has two linearly independent eigenvectors:

$$\mathbf{x}_1 = \begin{bmatrix} 1 \\ 1 \end{bmatrix}, \quad \mathbf{x}_2 = \begin{bmatrix} -2 \\ 1 \end{bmatrix}.$$

Now let

$$S = \begin{bmatrix} 1 & -2 \\ 1 & 1 \end{bmatrix}$$

be the eigenvector matrix. Then

$$\Lambda = S^{-1}AS = \begin{bmatrix} 2 & 0 \\ 0 & -1 \end{bmatrix},$$

where the inverse of S is given by

$$S^{-1} = \frac{1}{3} \begin{bmatrix} 1 & 2 \\ -1 & 1 \end{bmatrix}.$$

Note that the eigenvectors of A are also the eigenvectors of A^2. In fact,

$$A^2\mathbf{x}_i = A(A\mathbf{x}_i) = A(\lambda_i\mathbf{x}_i) = \lambda_i^2\mathbf{x}_i, \quad i = 1, 2,$$

where λ_i is the eigenvalue corresponding to $\mathbf{x}_i$. Thus the eigenvalues of A^2 are 4 and 1, that is, the square of the eigenvalues 2 and -1 of A, respectively.

Next, to deal with A^{-1}, we begin with

$$A\mathbf{x}_i = \lambda_i\mathbf{x}_i.$$

This implies

$$A^{-1}A\mathbf{x}_i = \lambda_i A^{-1}\mathbf{x}_i,$$

which leads to

$$A^{-1}\mathbf{x}_i = \lambda_i^{-1}\mathbf{x}_i.$$

Thus, the eigenvalues of A^{-1} are $1/2$ and -1.

Similarly for $A + 4I$,

$$(A + 4I)\mathbf{x}_i = (\lambda_i + 4)\mathbf{x}_i,$$

and so the eigenvalues corresponding to $A + 4I$ are 6 and 3.

For all of these matrices, the eigenvectors are the same, that is, $\mathbf{x}_1$ and $\mathbf{x}_2$ given above, and the eigenvector matrix is

$$S = \begin{bmatrix} 1 & -2 \\ 1 & 1 \end{bmatrix}.$$

Finally, we calculate A^5 as follows:

$$A^5 = S(S^{-1}AS)(S^{-1}AS)\cdots(S^{-1}AS)S^{-1} = S\Lambda^5 S^{-1} = \begin{bmatrix} 10 & 22 \\ 11 & 21 \end{bmatrix}.$$

2. 1) For complex numbers $\alpha_1, \ldots, \alpha_n$, let $\mathrm{diag}(\alpha_1, \alpha_2, \ldots, \alpha_n)$ denote the n by n diagonal matrix with diagonal elements $\alpha_1, \alpha_2, \ldots, \alpha_n$. For example,

$$\mathrm{diag}(3, i, -2) = \begin{bmatrix} 3 & 0 & 0 \\ 0 & i & 0 \\ 0 & 0 & -2 \end{bmatrix}.$$

2) A square matrix A is said to be diagonalizable if there is an invertible matrix P such that $P^{-1}AP$ is a diagonal matrix. It is easy to give examples of diagonalizable matrices (for example, a diagonal matrix is diagonalizable!). To contrast with these, we will give an example of a non-diagonalizable matrix.

Example　Let

$$A = \begin{bmatrix} 0 & 1 \\ 0 & 0 \end{bmatrix}.$$

3) Assume that A is diagonalizable. Then there exists an invertible matrix P such that $B = P^{-1}AP$ is diagonal. The characteristic polynomial of A is x^2, and so is that of B by Theorem 16.2. Thus the unique eigenvalue of B is 0 and we have $B = O$, which implies $A = PBP^{-1} = O$. This is a contradiction. Therefore A is not diagonalizable.

解説

1) ここでは $\mathrm{diag}(\alpha_1, \alpha_2, \ldots, \alpha_n)$ という記号の定義をしている.
　　記号の定義：B（既存のもの）に A という記号をあたえるとき,

　　Let A denote B.
　　A denotes B.
　　B is denoted by A.
　　Let A be B.

などの言い方があり，このなかからいちばん都合のいいものを選べばいい.
　　ここではまず $\alpha_1, \ldots, \alpha_n$ という複素数を出してきて，それを対角成分にもつ対角行列を考える. だから

　　For complex numbers $\alpha_1, \ldots, \alpha_n$,

から始めたい. そうすると，この場合上の B にあたるものが長くなるのでそれが後に来るように

　　let $\mathrm{diag}(\alpha_1, \alpha_2, \ldots, \alpha_n)$（※これが A）denote

と続け，B にあたる部分は

　　the n by n diagonal matrix with diagonal elements $\alpha_1, \alpha_2, \ldots, \alpha_n$.

（最初に与えられた複素数を対角成分にもつ行列だから特定されて the がつくことに注意.）

　　whose diagonal elements are $\alpha_1, \alpha_2, \ldots, \alpha_n$.

でもよいが with を用いると簡潔になる.

2) A が対角化可能であることの定義をしている．原文では「A は対角化可能であると言う」の前に $P^{-1}AP$ が出てきているために，「与えられた正方行列 A に対して」で始めているが，英語で書くときは

> A square matrix A is said to be diagonalizable if there is an invertible matrix P such that $P^{-1}AP$ is a diagonal matrix.

でよい．

存在文の形式に慣れておこう．

> there is <u>an</u>（※不定冠詞．存在がここで初めて述べられ，ひとつに決まるかはこの段階では不明．）invertible matrix P <u>such that</u> $P^{-1}AP$ is a diagonal matrix.

「例を挙げる」は <u>give</u> an example.
正則行列は a regular matrix でも an invertible matrix でもよい．
原文に補って「対角化可能な行列の例はすぐに思いつくが，（それとは違って）対角化不可能な例をひとつ挙げよう」としてみた．
contrást A with B：A を B と対比する

3) 挙げた例が実際に対角化不可能であることの証明．日本語では「もし，〜と仮定すると」と言っているが英語なら

> Assume that/Suppose that

で十分である．

> Since the characteristic polynomial of A is x^2, that of B is also x^2 by Theorem 16.2.

でもよい．that は直前にある定冠詞付きの単数名詞をさす．ここでは that ＝ the characteristic polinomial.

> B の固有値はゼロのみ→ B の唯一 (unique) の固有値はゼロ

と言い換えた．
そのあとも接続詞や副詞，関係代名詞の非制限用法を使って（第5章参照）

> <u>Thus</u> the unique eigenvalue of B is 0 <u>and</u> we have $B = O$, <u>which implies</u> $A = PBP^{-1} = O$.

のようにつながるが，日本語で一文であっても，途中で切って訳してかまわない．

【ちょっと高度】

解答例では

> The characteristic polynomial of A is x^2, and so is that of B by Theorem 16.2.

「C が D で，E もやはり D だ」と言うとき，C is D, and so is E. という言い方もできるので使ってみた．

so $= x^2$.

A の特性関数は x^2（新しい情報＝焦点）.
x^2（すでに出た旧情報）は B の特性関数でもある（新しい情報＝焦点）.

倒置によって

旧情報→新情報＝旧情報→新情報

とスムーズな情報の流れができる.

6.4 節

1. 省略.
2. ここでは米語の綴りで書いてみた．米／英：center/centre, centered/centred. 統一すれば（混ぜなければ）どちらを用いてもよい.

(1) Let C be the circle of radius 1 centered at the origin/ the circle with center the origin and radius 1.
中心と半径が決まると円は一通りに決まるので the circle.
「半径 1 の（円）」,「中心 x の（円）」,「辺の長さ L の（正方形）」と言うとき，radius, center, side length などに冠詞がつかない.
名詞を直接修飾しないときは

The radius of this circle is two meters.［ジーニアス英和］

円（周のみ）は circle, 円板（中の詰まった円）は disc である.

(2) The δ–neighborhood of a set A is defined to be the set of points within distance δ of A.
「集合 A から距離 δ 以内にある点全体」の集合の意味だから the set.

(3) A, B という集合がすでに前に出ていれば the sets だが，初めて出る複数名詞には冠詞はつかない.

For two sets A and B, $A \cup B$ denotes their union.

テキスト 6 では

We write $A \cup B$ for the union of the sets A and B.

と表現していた.
テキストの著者は $A \cup B$ の中に A, B という集合がすでに出ているので（既出），the sets A and B と the をつけた（らしい）.

(4) We write the set of points belonging to both A and B as $A \cap B$.

(5) We refer to the set $\mathbb{R}^n \setminus A$ as the complement of A.
We call the set $\mathbb{R}^n \setminus A$ the complement of A.
The set $\mathbb{R}^n \setminus A$ is called the complement of A.

(6) The empty set is denoted by $\varnothing$.

7.6 節

1. 省略.

2. (1) A set is open if and only if its complement is closed.
    2.1 節，不定冠詞の用法 C) の「一般的性質」.

   (2) Let $S(L)$ be a square of side length L.
    不定冠詞の用法 A) で「一片の長さが L の正方形の集合」からひとつとってきて $S(L)$ とするので，不定冠詞を用いる.

   (3) A ball of radius r has diameter $2r$.
    不定冠詞の用法 C) の「一般的性質」.

   (4) A closed set contains its boundary.
    不定冠詞の用法 C) の「一般的性質」.

   (5) Let $\{x_n\}$ be a sequence of points converging to a point x.
    関係代名詞を使うと

      Let $\{x_n\}$ be a sequence of points that converges to a point x.

    収束するのは点列 (a sequence of points) なので，これが that の先行詞である．だから converges は 3 人称単数形である.

   (6) We define the interior of a set A to be the union of all (the) open sets contained in A.
    関係代名詞を使うと all (the) open sets that are contained in A.

   (7) The intersection of all (the) closed sets containing a set A is called the closure of A.

   (8) For an arbitrary collection of sets $\{A_\alpha\}$, $\bigcap_\alpha A_\alpha$ denotes the set of points common to all of the A_α.

8.4 節

1. 省略.

2. 1) We generally work in n-dimensional Euclidean space, $\mathbb{R}^n$, where $\mathbb{R}^1 = \mathbb{R}$ is just $\boxed{\text{the}}$ set of real numbers (※実数全体の集合だから一通りに特定) or $\boxed{\text{the}}$ 'real line', and $\mathbb{R}^2$ is $\boxed{\text{the}}$ (Euclidean) plane. $\boxed{\times}$ addition (※「和をとる操作」という意味の不可算名詞．特定していない) and $\boxed{\times}$ scalar multiplication are defined in $\boxed{\text{the}}$ usual manner (※以下に述べる読者も知っている演算だから特定)，so that $x+y = (x_1+y_1,\ldots,x_n+y_n)$ and $\lambda x = (\lambda x_1, \ldots, \lambda x_n)$, where λ is $\boxed{\text{a}}$ real scalar. We use $\boxed{\text{the}}$ usual Euclidean distance (※ユークリッド距離は一通りに特定される) or metric on $\mathbb{R}^n$. So if x, y are $\boxed{\times}$ points of $\mathbb{R}^n$ (※ $\mathbb{R}^n$ に属する任意の 2 点で特定しない)，$\boxed{\text{the}}$ distance between them is $|x-y| = (\sum_{i=1}^n |x_i - y_i|^2)^{1/2}$. In particular, we have $\boxed{\text{the}}$ triangle inequality (※三角不等式のように名前の付いた式は特定) $|x+y| \le |x| + |y|$.

2) $\boxed{\text{The}}$ *closed ball* of $\boxed{\times}$ centre O and $\boxed{\times}$ radius 1（※中心と半径を決めたら球は一通りに決まる）is defined by $B(O,1) = \{y : |y| \leq 1\}$.（※このような場合 radius, centre は無冠詞．7.3 節参照．）

3) If A and B are $\boxed{\times}$ subsets of $\mathbb{R}^n$（※どのような部分集合でもよい）and λ is $\boxed{\text{a}}$ real number, we define $\boxed{\text{the}}$ *vector sum*（※ the sets（A と B）のベクトル和だから特定）of $\boxed{\text{the}}$ sets（※上で出てきたのと同じ 2 つの集合）as $A + B = \{x + y : x \in A \text{ and } y \in B\}$ and we define $\boxed{\text{the}}$ *scalar multiple* $\lambda A = \{\lambda x : x \in A\}$.

4) $\boxed{\text{An}}$（※ 2.1 節 C' の用語を定義する文）infinite set A is *countable* if its elements can be listed in $\boxed{\text{the}}$ form $x_1, x_2, \dots$（※「一列に並んだ」特定の形）with every element of A appearing at $\boxed{\text{a}}$ specific place（※列の中のどこかにある）in $\boxed{\text{the}}$ list（※ $x_1, x_2, \dots$ のこと）; otherwise $\boxed{\text{the}}$ set（※ A のこと）is *uncountable*. $\boxed{\text{The}}$ sets $\mathbb{Z}$ and $\mathbb{Q}$ are countable but $\mathbb{R}$ is uncountable. Note that $\boxed{\text{a}}$ countable union of countable sets（※可算個の可算集合の和集合の一般の性質を表す）is countable.

5) $\boxed{\text{A}}$（※ 2.1 節 C' の用語を定義する文）set A is called $\boxed{\text{a}}$ *neighbourhood* of a point x（※点 x の近傍は一般にたくさんあるからそのひとつ）if there is some (small) ball $B(x, r)$ centred at x and contained in A.

6) $\boxed{\text{The}}$ intersection of all the closed sets containing $\boxed{\text{a}}$ set A is called $\boxed{\text{the}}$ *closure* of A, written $\overline{A}$.

7) Let X and Y be any sets. $\boxed{\text{A}}$ *mapping* from X to Y is $\boxed{\text{a}}$ rule that associates with each point x of X $\boxed{\text{a}}$ point $f(x)$ of Y. We write $f : X \to Y$ to denote this situation; X is called $\boxed{\text{the}}$ *domain* of f（※ f の定義域だから特定）and Y is called $\boxed{\text{the}}$ *codomain*（※テキスト 8 の文を少し書き換えた）.

8) If $f : X \to Y$ is $\boxed{\text{a}}$ bijection then we may define $\boxed{\text{the}}$ *inverse function*（※全単射 f の逆関数は一通りに決まる）$f^{-1} : Y \to X$ by taking $f^{-1}(y)$ to be $\boxed{\text{the}}$ unique element of X such that $f(x) = y$.

9.4 節

(1) $\boxed{}$ using the Schwarz inequality, we obtain the desired result.

この文の主語は we，述部は obtain．ここでは Schwarz の不等式を使うのも，結果を得るのも主語は we なので，$\boxed{}$ には By を入れても入れなくても文法的には正しい．By using は結果を得るのに Schwarz の不等式が本質的，Using は使ったもののひとつとして Schwarz の不等式もある，というようなニュアンスの違いはある．

(2) $\boxed{\text{By}}$ setting $s = 1$, the conclusion of Theorem 1 follows.

主語は the conclusion of Theorem 1，述部は follows で文としては完成している

のでその前は修飾の役割をするはずである. $s = 1$ とおくのは we で, conclusion ではないので, setting $s = 1$ は動名詞「$s = 1$ とおくこと」として,「〜によって」（手段）の意味の by を入れる.

(3) $\boxed{\times}$ squaring a complex number squares the modulus and doubles the argument. （modulus：（複素数の）絶対値, argument：偏角）

述部の動詞は squares と doubles（人称変化して s がついていることに目をつける）であるが, squaring ... の部分以外に主語候補は見つからない. よって, 動名詞 squaring a complex number（「複素数を 2 乗すること」）が主語のはずである. 空欄には何もいれない.

(4) This can be proved $\boxed{\text{by}}$ using the explicit expressions of Theorem 1.7.

主語 This と述部 can be proved がすでにそろっている.「定理 1.7 の具体的な表現を用いる」のは we であるから, 手段の意味の by を入れる.

10.1 節

We will show that

$$\left| \frac{1}{n} \sum_{i=1}^{n} a_i - \alpha \right| \to 0$$

as n tends to infinity.

First, note that

$$\left| \frac{1}{n} \sum_{i=1}^{n} a_i - \alpha \right| = \frac{1}{n} \left| \sum_{i=1}^{n} (a_i - \alpha) \right| \le \frac{1}{n} \sum_{i=1}^{n} |a_i - \alpha|,$$

where we have applied the triangle inequality to obtain the inequality. Since $\{a_n\}$ converges to α, given any $\varepsilon > 0$, there is a positive integer N such that $|a_n - \alpha| < \varepsilon$ for all $n \ge N$. Fix such an $\varepsilon > 0$, and let $n > N$. We divide the summation into two parts:

$$\frac{1}{n} \sum_{i=1}^{N} |a_i - \alpha| + \frac{1}{n} \sum_{i=N+1}^{n} |a_i - \alpha|.$$

The second summation is bounded by ε. In fact,

$$\frac{1}{n} \sum_{i=N+1}^{n} |a_i - \alpha| < \frac{n - N}{n} \varepsilon < \varepsilon.$$

Furthermore, if we take $N_1 > N$ large enough, then

$$\frac{1}{n} \sum_{i=1}^{N} |a_i - \alpha| < \varepsilon,$$

for all $n > N_1$. Combining these bounds, we have

$$\frac{1}{n}\sum_{i=1}^{n}|a_i - \alpha| < 2\varepsilon,$$

for all $n > N_1$. Since ε is arbitrary, we have completed the proof.

10.4 節

Theorem
A continuous function f on a closed interval $I = [a, b]$ is uniformly continuous.

Suppose that f is not uniformly continuous, that is, there exists some positive number ε such that the following holds: for any $\delta > 0$, there exist x and y such that $|x - y| < \delta$ and $|f(x) - f(y)| \geq \varepsilon$.

Choose $\delta = 1/n$ $(n = 1, 2, \ldots)$ and denote the corresponding x and y by x_n and y_n, respectively. Then we have

$$|x_n - y_n| < \frac{1}{n}, \quad \text{and} \quad |f(x_n) - f(y_n)| \geq \varepsilon \quad (n = 1, 2, \ldots). \tag{1}$$

Since the sequence $\{x_n\}$ is contained in the interval $[a, b]$, it is bounded. Thus by the Bolzano-Weierstrass theorem, the sequence contains a convergent subsequence. Let $\{x_{n_k}\}$ be the convergent subsequence and let c be the limit of $\{x_{n_k}\}$. Since $a \leq x_{n_k} \leq b$, it must hold that $a \leq c \leq b$.

It follows from (1) that

$$|x_{n_k} - y_{n_k}| < \frac{1}{n_k} \to 0, \quad (k \to \infty),$$

which combined with $x_{n_k} \to c$ further leads to $y_{n_k} \to c$ $(k \to \infty)$.

Since f is continuous at $x = c$, it holds that

$$\lim_{k \to \infty} f(x_{n_k}) = \lim_{k \to \infty} f(y_{n_k}) = f(c).$$

Hence,

$$|f(x_{n_k}) - f(y_{n_k})| \leq |f(x_{n_k}) - f(c)| + |f(c) - f(y_{n_k})| \to 0 \quad (k \to \infty).$$

But x_{n_k} and y_{n_k} are chosen so that

$$|f(x_{n_k}) - f(y_{n_k})| \geq \varepsilon,$$

which is a contradiction. Thus f is uniformly continuous on $[a, b]$. This completes the proof.

文献 (References)

1 本書を書くのに用いた文献

［安藤］　安藤貞雄 著『現代英文法講義』開拓社，2005

［ロイヤル］　綿貫 陽，マーク・ピーターセン 著『表現のための実践ロイヤル英文法』旺文社，2011

［ジーニアス英和］　『ジーニアス英和辞典』第 4 版，大修館書店，2006

［リーダーズ英和］　『リーダーズ英和辞典』研究社

［数学辞典］　『数学辞典』第 4 版，岩波書店，2007

［野水］　野水克己 著『数学のための英語案内』サイエンス社，1993

［久野］　久野 暲，高見健一 著『謎解きの英文法 冠詞と名詞』くろしお出版，2004

［パケット 1］　グレン・パケット 著『科学論文の英語用法百科〈第 1 編〉よく誤用される単語と表現』京都大学学術出版会，2004

［パケット 2］　グレン・パケット 著『科学論文の英語用法百科〈第 2 編〉冠詞用法』京都大学学術出版会，2016

［ピーターセン 1］　マーク・ピーターセン 著『日本人の英語』岩波書店，1988

［ピーターセン 2］　マーク・ピーターセン 著『実践日本人の英語』岩波書店，2013

［数学英和・和英］　小松勇作 編『数学英和・和英辞典』共立出版，1979

［中村］　中村 捷，金子義明 編『英語の主要構文』研究社，2002

［Krantz］　Steven G. Krantz, *A Primer of Mathematical Writing*, 2nd edn, American Mathematical Society, 2017

［Follet］　Wilson Follett, Erik Wensberg, *Modern American Usage: A Guide*, Hill and Wang ,1998

［Strunk］　William Strunk Jr., E.B. White, *The Elements of Style*, 4th edn, Pearson, 1999

［Trzeciak］　Jerzy Trzeciak, *Writing Mathematical Papers in English — A Practical Guide*, European Mathematical Society, 1995

［Oxford］　*Oxford Advanced Learners' Dictionary*

［Webster］　*Webster's New World Dictionary of the American Language*, 2nd College Edition

2 さらに勉強したい人向けの参考書

● 綿貫 陽，マーク・ピーターセン 著『表現のための実践ロイヤル英文法』旺文社，2011
→各自使い慣れた高校の文法参考書が手元にあればそれで十分だと思うが，この本は説明が親切で読みやすい．また，英文を書くことを意識して書かれている．

● 野水克己 著『数学のための英語案内』サイエンス社，1993

→英語で数学を書く手引きとして書かれている．文法事項の説明は短いが，副詞の位置，parallel construction など本書に書いていないことも載っている．

- William Strunk Jr., E.B. White, *The Elements of Style*, 4th edn, Pearson, 1999
  →英文を書く手引き．正統な英語にこだわる．薄い本なのがうれしい．

- マーク・ピーターセン 著『日本人の英語』岩波書店，1988

- マーク・ピーターセン 著『実践日本人の英語』岩波書店，2013
  →ピーターセンの 2 冊は読みやすくて勉強になる．

- 『ジーニアス英和辞典』第 4 版，大修館書店，2006
  →文法事項の説明や似た表現の使い分けの説明がていねいである．

- 『数学辞典』第 4 版，岩波書店，2007
  →巻末の索引は数学用語の英和・和英辞典として非常に役立つ．専門用語も調べられる．CD 付属．

- 小松勇作 編『数学英和・和英辞典』共立出版，1979
  →付録の「記号・式の英語での読み方」がありがたい．

- 蟹江幸博 編『数学用語英和辞典』近代科学社，2013
  →専門用語も載っているが英和だけである．

- 日本物理学会 編『科学英語論文のすべて』第 2 版，丸善，1999，第 4 章「科学英文執筆についてのノート」
  →物理学者レゲット氏が，「英語で文章を書くとき最低限これだけ注意！」という箇所を指摘したコンパクトな文章．これを読めば指導教員に直される箇所がぐっと減るだろう（例文は物理だがまったく違和感はない）．

- グレン・パケット 著『科学論文の英語用法百科〈第 1 編〉よく誤用される単語と表現』京都大学学術出版会，2004
  →博士後期課程の院生向けに本格的な論文のための英語を教えるもの．数学に関する部分は少ないが，英語で論文を書く大学生は参考書として手元に置くと役に立つ．

  他に，英語で論文を書くときの参考書として，

- Jerzy Trzeciak, *Writing Mathematical Papers in English — A Practical Guide*, European Mathematical Society, 1995
  →英語の論文を書くのに使える表現集として役に立つ．

- Steven G. Krantz, *A Primer of Mathematical Writing*, 2nd edn, American Mathematical Society, 2017
  →英語自体だけでなく，論文の書き方（導入部分，定義，定理，証明）など役に立つことが載っている．
  （1997 版邦訳：後藤ミドリ 訳『数学者の書きもの心得——英語表現から出版まで——』丸善株式会社，1999）

  文法自体に興味があれば，

- 金谷健一 著『理数系のための技術英語練習帳』共立出版，2012．

- 渡辺 明 著『生成文法』東京大学出版会，2009

→第 4 章のコラムで触れた,「文は 2 次元から 1 次元への射影」であることにときめ
きを感じた人向けの参考書. この本を読み終える元気のある人は『英語の主要構
文』[中村] も読めるはず.

3　テキスト・例文の引用元・参考文献

[Spivak] Michael Spivak, *Calculus*, 3rd ed., Cambridge University Press, 1994

[Strang] Gilbert Strang, *Introduction to Linear Algebra*, 4th ed., Wellesley Cambridge Press, 2009
　（邦訳：松崎公紀, 新妻 弘 訳『世界標準 MIT 教科書 ストラング：線形代数イントロダクション』原書第 4 版, 近代科学社, 2015）

[Simmons] George F. Simmons, *Calculus with Analytic Geometry*, 2nd ed., McGraw-Hill, 1985

[Falconer] Kenneth Falconer, *Fractal Geometry*, 3rd ed., Wiley, 2014

[Roe] John Roe, *Winding Around — The Winding Number in Topology, Geometry and Analysis*, American Mathematical Society, 2015

[Cox] David A. Cox, *Primes of the Form $x^2 + ny^2$*, John Wiley and Sons, 1989

[MS] Niel Madras, Gordon Slade, *The Self-Avoiding Walk*, Birkhäuser, 1996

[KT] 小林正典・寺尾宏明 著『線形代数 講義と演習』改訂版, 培風館, 2014

[Urakawa] 浦川 肇 著『微積分の基礎』現代基礎数学 7, 朝倉書店, 2006

[Stewart] James Stewart, *Calculus*, 8th ed., CENGAGE Learning, 2012

[Strichartz] Robert S. Strichartz, *The Way of Analysis*, Jones and Bartlett Publishers, 1995

[Mode] Charles J. Mode *Multitype Branching Processes Theory and Applications*, American Elsevier Publishing Company, INC, 1971

[Williams] David Williams, *Probability with Martingales*, Cambridge University Press, 1991

[Falconer2] Kenneth Falconer, *Fractals: A Very Short Introduction*, Oxford University Press, 2013

索　引

【マ】

【監修者紹介】

原田なをみ（はらだ なをみ）

現在，東京都立大学大学院人文科学研究科 教授．
カリフォルニア大学アーバイン校より Ph.D. (Linguistics) 取得．
専門は生成文法理論，比較統語論．

David Croydon（デイビッド クロイドン）

現在，京都大学数理解析研究所 准教授．
オックスフォード大学より DPhil. (Mathematics) 取得．専門は確率論．

【著者紹介】

服部久美子（はっとり くみこ）

現在，東京都立大学 名誉教授．東京大学より理学博士取得．
専門は確率論，フラクタル，英検一級，ロシア語検定一級合格．
訳書に，『証明の読み方・考え方［原著第 6 版］』（共訳，共立出版，2023），
『フラクタル』（岩波科学ライブラリー 291；岩波書店，2020），
『フラクタル幾何学』（新しい解析学の流れ；共訳，共立出版，2006）．

数学のための英語教本 ―読むことから始めよう *English for Mathematics Students*	監修者　原田なをみ David Croydon
	著　者　服部久美子　© 2020
2020 年 10 月 15 日　初版 1 刷発行 2024 年 5 月 10 日　初版 8 刷発行	発行者　南條光章
	発行所　**共立出版株式会社** 〒 112-0006 東京都文京区小日向 4-6-19 電話番号 03-3947-2511（代表） 振替口座 00110-2-57035 www.kyoritsu-pub.co.jp
	印　刷　藤原印刷 製　本　ブロケード
検印廃止 NDC 410, 830 ISBN 978-4-320-11430-2	一般社団法人 自然科学書協会 会員 Printed in Japan

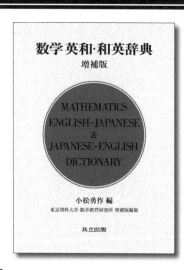
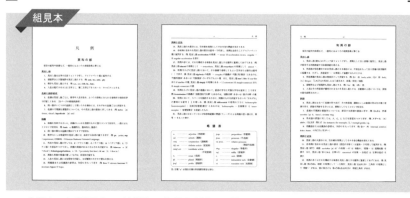